膨胀土化学改性技术

王保田　李　进　韩少阳　罗海东　著

科学出版社

北　京

内 容 简 介

本书是作者及其课题组 10 多年来在膨胀土改良与工程应用方面进行的科研工作的系统总结。内容包括对膨胀土基本概念、成因、判别与分类方法及工程特性等的详细介绍，对膨胀土不良工程特性化学改良方法的归纳；重点介绍作者及其课题组在膨胀土化学改良技术方面取得的最新成果，包括硅灰及水泥硅灰复合改良膨胀土、十八烷基三甲基氯化铵与氯化钾协同作用改良膨胀土、化学沉淀法改良膨胀土、钢渣微粉改良膨胀土等膨胀土化学改性新技术。本书内容基于各种化学改良膨胀土的物理力学性质和水稳定性试验研究及改良剂作用原理进行分析。

本书可供岩土工程领域的科学工作者和交通、水利行业的科学技术人员参考，也可作为高等院校岩土工程、道路工程等专业研究生的科研参考用书。

图书在版编目（CIP）数据

膨胀土化学改性技术/王保田等著. —北京：科学出版社，2022.3
ISBN 978-7-03-072018-4

Ⅰ.①膨… Ⅱ.①王… Ⅲ.①膨胀土-改性-研究 Ⅳ.①TU475

中国版本图书馆 CIP 数据核字（2022）第 053286 号

责任编辑：李 雪 / 责任校对：赵丽杰
责任印制：吕春珉 / 封面设计：曹来

科 学 出 版 社 出版
北京东黄城根北街 16 号
邮政编码：100717
http://www.sciencep.com

北京中科印刷有限公司 印刷
科学出版社发行 各地新华书店经销
*

2022 年 3 月第 一 版　　开本：B5（720×1000）
2022 年 3 月第一次印刷　　印张：10 3/4
字数：204 000

定价：96.00 元
（如有印装质量问题，我社负责调换〈中科〉）
销售部电话 010-62136230　编辑部电话 010-62130874（VA03）

前　言

　　膨胀土是一类成土于晚更新世或更早时期的一类超固结土，富含蒙脱石等亲水矿物，具有因吸水膨胀、失水收缩而引起不均匀开裂和强度不断降低的特性。膨胀土在我国 20 多个省、自治区、直辖市都有分布，世界各地分布也很广泛。膨胀土易引起工程建设和使用过程中地面不均匀隆起或塌陷，边坡反复塌滑，挡土结构倾倒等工程问题，造成的损失巨大且具有长期反复特性。尽管自 1970 年以来，世界各地学者和工程师对膨胀土开展了长期的研究，但到目前为止，膨胀土判别与分类指标仍不一致，膨胀土层划分也没有统一标准；对膨胀土长期强度和变形规律缺乏全面认知，尚无广泛应用的化学改性方法，也没有统一的化学改性方法相关规范可依。因此，对膨胀土进行物理力学性质研究和化学改性利用研究具有重要理论意义和工程应用价值。

　　本书共分为六章，第 1 章主要为国内外公开出版物的资料总结，主要介绍膨胀土的定义、成因、判别与分类方法及工程特性等，总体上说明膨胀土的基本概念和危害；第 2 章主要介绍膨胀土的胀缩机理与工程治理方法，阐述造成膨胀土不良工程特性的原因及工程中经常使用的治理方法；第 3 章主要介绍利用工业废料硅灰及水泥硅灰复合掺入对膨胀土进行改良的两种方法，通过一系列室内试验对两种改良剂的改良效果进行评价，并对改良机理进行探究，为膨胀土改良提供新的研究思路；第 4 章主要介绍利用十八烷基三甲基氯化铵与氯化钾协同作用改良膨胀土的方法，结合试验结果与施工成本，选出最优溶液配合比，并通过室内试验对膨胀土化学改良后的强度、变形、水稳定特性进行研究，为原位改良膨胀土提供新的思路；第 5 章主要介绍通过将 $CaCl_2$ 溶液与 Na_2CO_3 溶液先后掺入土体中反应生成 $CaCO_3$ 沉淀对膨胀土进行改良的新方法，并对改良前后土体的物理力学性质、水稳特性及微观结构等进行了试验研究，探讨化学沉淀法对膨胀土的改良效果；第 6 章主要探究钢渣微粉作为膨胀土改良剂的可行性，通过一系列室内试验对膨胀土改良效果进行评价，得到了钢渣微粉的最优掺量及养护龄期。第 6 章内容不仅为膨胀土改良提供了新的思路，还为缓解国内钢渣堆填处理给出了新的资源化利用思路，具有重要的工程意义。

　　本书是作者及其课题组全体教师及研究生经过 10 多年的辛苦研究得到的学术成果，并在科研报告、学术论文和研究生学位论文的基础上，将核心研究成果提炼出来编写而成。在此，作者向多年来不怕苦、不怕累、长期在工程现场或实验室从事研究工作的作者课题组同事张海霞高级实验师、张福海教授、张文慧副教授及李守德副教授表示衷心的感谢；感谢河海大学土木与交通学院单熠博、陈翔、邱雪莲等硕士为本书提供了宝贵资料。作者课题组的研究成果已经在宿连航道（京杭运河至盐河段）治理工程一期工程膨胀土改良利用研究项目（SL-YJ1 标段）、引江济淮试验工程总承包（设计、科研、施工）工程、哈尔滨到佳木斯高铁客运专线（哈佳线）、秦淮东河工程膨胀土边坡失稳机理及稳定措施专题研究、芜申线东坝段航道地质灾害防治研究以及宁淮高速膨胀土路基变形规律研究等研究项目与工程中得到广泛应用并取得了良好的成果，这些研究项目为本课题组长期的膨胀土特性及改良技术研究提供了应用平台、效果验证和经费支持。

感谢河海大学疏浚技术教育部工程研究中心、南京市水利规划设计院股份有限公司对课题研究的长期关注和本著作出版的资助。本书作者及其课题组成员将继续不懈努力工作，力争在对膨胀土改性利用和膨胀土工程灾害治理方面更上一层楼，以回报国家以及河海大学对我们长期的培养与支持。本书在撰写中参考并引用了国内外有关学者的研究成果，在此对原作者表示感谢。

本书由王保田和李进整体筹划及编制大纲，具体执笔分工为：王保田编写第 1 章和第 3 章，李进编写第 2 章和第 5 章，韩少阳编写第 4 章，罗海东编写第 6 章，最后由王保田和李进定稿。在此，作者及其课题组成员祝愿我国基础设施建设事业继续稳步前进，取得长期稳定的发展。

由于作者水平有限，本书难免存在不足和需要改进的地方，权且作为抛砖引玉之作，与同行们共同探讨，为解决包括膨胀土在内的特殊性土理论与工程应用问题贡献一份力量。

著 者

2021 年 12 月

目　　录

第1章　膨胀土概述

膨胀土是一种高分散性、高塑性黏土，具有显著的吸水膨胀、失水收缩的特性，对干湿气候变化异常敏感，会给工程建设活动带来巨大危害，是一种"问题极多"的特殊土。我国是膨胀土大国，膨胀土分布非常广泛，全国有 20 多个省、自治区、直辖市存在着这种特殊黏土，3 亿以上人口生活在膨胀土分布地区。据不完全统计，我国由于膨胀土地基致害的建筑面积超过 $1 \times 10^7 \text{m}^2$，尤其是铁路、公路路基受膨胀土危害非常严重，年经济损失超过 900 亿元。因此，围绕膨胀土的基本特性展开系统的研究，对防治相关灾害具有非常重大的指导意义。本章内容着重对已有关于膨胀土组成、成因、识别方法以及工程特性的研究工作和取得的主要成果进行归纳和总结，旨在帮助读者更全面地认识膨胀土，同时为后续章节膨胀土工程处理和改良等相关内容的深入研究提供支撑。

1.1　膨胀土的定义、矿物组成及化学成分分析

1.1.1　膨胀土的定义

膨胀土是在自然地质过程中形成的一种特殊黏土，它具有高胀缩性、多裂隙性、超固结性、强度衰减性、崩解性、易风化性等与一般黏土不同的工程特性。在世界范围内，膨胀土的分布遍及六大洲的 40 多个国家和地区，其中我国是世界上膨胀土分布最广、面积最大的国家之一，遍布 20 多个省、自治区、直辖市。膨胀土的不良工程特性每年都会给工程建设和人民生命财产造成重大损失，如南水北调中线工程 1432km 长的总干渠中，沿线最大的渠坡地质灾害即为膨胀土滑坡，其中强膨胀土、中等膨胀土和弱膨胀土渠段分别长约 5.69km、103.5km、170.5km，施工期间仅在南阳段就出现了膨胀土边坡滑坡 70 多处，在随后中线通水的 3 年中，膨胀土渠段又相继发生了几十处滑动迹象[1-3]。

膨胀土由于成土时间较早（第三系或第四系早期），因此天然状态下密度大、结构性强、强度高，原状膨胀土黏聚力可达到几十至几百千帕，内摩擦角可达到 $15° \sim 30°$；压实膨胀土黏聚力也能达到十几千帕到几十千帕，内摩擦角通常大于 $15°$。理论上，这样高的强度，膨胀土边坡垂直坡高可达 5m 甚至 10m 以上，倾斜边坡稳定坡高则能达到更高，一般坡比在 1∶1.5 以下的边坡可达到 20～40m。

但是实际工程中，无论是人工开挖膨胀土边坡还是压实膨胀土填土边坡，在（1∶4）～（1∶1.5）的坡比和20m以下坡高条件下运行过程中经常失稳，有些在运行几年后失稳，有些甚至在运行二三十年后失稳。例如，于1958年动工兴建的安徽淠史杭灌区，1972年骨干工程完工，直到1990年前后才开始陆续出现了多达195处的膨胀土渠段滑坡现象，总长度达16km[4]。

　　关于膨胀土的定义，在第二次国际膨胀土研究会上曾做过相应的讨论，结论是膨胀土是一种对于环境变化，特别是对于湿热变化非常敏感的土，其随着含水率变化土体发生膨胀或收缩，产生膨胀压力。吸水膨胀和失水收缩是黏性土的共性，也是其区别于非黏性土的主要特性之一，但不能将所有的黏性土都说成是膨胀土，只有当黏性土的胀缩性增大到一定程度，产生膨胀压力或收缩裂缝，并足以危害建筑物的稳定与安全时，才可将其与普通的黏性土区分开来，并称之为"膨胀土"。

1.1.2　膨胀土的矿物组成及化学成分分析

　　膨胀土的特殊工程特性主要受其矿物成分和化学成分控制。研究膨胀土的矿物组成和进行化学成分分析可以了解控制膨胀土工程性质的内在因素，也可以深入探讨其膨胀机理，而且对于膨胀土地基的改良与加固及膨胀土调查研究的新技术与新方法的运用也是必不可少的。

　　目前，膨胀土矿物成分鉴定的方法主要有差热分析（differential thermal analysis，DTA）、X射线衍射（X-ray diffraction，XRD）和能量色散X射线光谱仪（energy dispersive X-ray spectroscopy，EDX）鉴定、傅里叶变换红外光谱仪（Fourier transform infrared spectrometer，FTIR）鉴定以及扫描电子显微镜（scanning electron microscope，SEM）鉴定等分析手段和方法。膨胀土的矿物成分包括黏土矿物和碎屑矿物。碎屑矿物中大部分为石英、斜长石和云母（主要是水云母），其次为方解石和石膏等矿物。碎屑矿物是粗粒部分的主要组成物质，一般来说，粗粒在膨胀土中含量有限，故对膨胀土的胀缩性质影响不大。影响膨胀土工程性质的主要是细粒部分的黏土矿物，特别是蒙脱石类的矿物。例如，图1.1展示的是南京市高淳区膨胀土风干样品的X射线粉晶衍射图，鉴定出的主要黏土矿物为蒙脱石、蛭石、水云母、高岭石、石英、长石以及方解石。如表1.1所示，南京市高淳区膨胀土的黏土矿物以蒙脱石和石英为主，两者分别占总量的25%和23%。应指出的是，在南京地区各地段膨胀土中，不同类型黏土各矿物成分所占比例及其组合形式各有差异，这是因为各地段在成土过程中，母岩的堆积环境以及风化程度等方面存在差异。

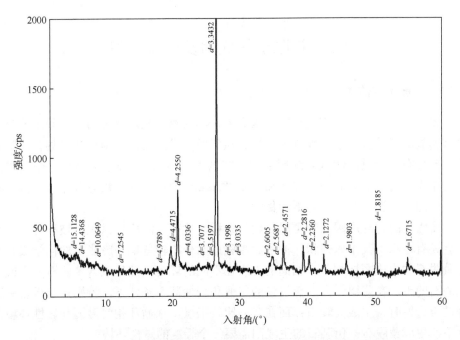

图 1.1　南京市高淳区膨胀土风干样品的 X 射线粉晶衍射图

表 1.1　南京市高淳区膨胀土矿物成分分析结果

矿物成分	蒙脱石	蛭石	水云母	高岭石	石英	长石	方解石
含量/%	25	20	15	15	23	1	1

　　对膨胀土化学成分的研究手段主要有全化学分析和微量元素分析等。一般膨胀土的化学成分主要是 SiO_2、Al_2O_3 和 Fe_2O_3，铝硅酸盐黏土矿物相对富集，较活泼的元素 K、Ka、Ca、Mg 等碱金属和碱土金属含量普遍偏高，有可能促使伊利石转变为蛭石或蒙脱石，导致膨胀土亲水性增强。表 1.2 所展示的是南京市高淳区膨胀土试样化学元素分析结果，由表 1.2 可知，南京市高淳区膨胀土试样的主要化学元素为硅、铝、氧三种元素，其中硅元素含量占比最高，为 41.02%，其次为氧和铝，含量占比分别为 32.31% 和 14.26%。

表 1.2　南京市高淳区膨胀土试样化学元素分析结果

化学元素	硅	铝	氧	铁	钾	镁	碳
含量/%	41.02	14.26	32.31	6.62	3.33	1.08	1.37

注：各化学元素之和为 99.99%，其约数为 100%。

1.2 膨胀土的成因及矿床类型

1.2.1 膨胀土的成因

膨胀土在全球分布广泛,除南极洲外,其余六大洲均有分布。膨胀土的分布具有明显的气候分带性和地理分带性。从气候分带上看,以地球纬度划分,膨胀土主要分布在赤道两侧从低纬度到中等纬度的气候区,并限于热带和温带气候区域的半干旱地区。从地理分带上看,从北纬60°至南纬50°均有分布,尤其在欧洲、亚洲、非洲和美洲大陆更为集中。

膨胀土的物理成因大致可以归纳为残积、冲积、湖积、洪积、坡积等,个别地区还有冰积,其中以残积、冲积、湖积成因分布较普遍。膨胀土的化学成因则与蒙脱石的生成密切相关,相同的母岩在不同的环境里能生成含蒙脱石的土或含高岭石的土。在降雨量大于蒸发量的气候和酸性环境条件下,特别是当母岩有较好的渗透性时,生成高岭石;而在气候比较干燥,水循环相对微弱和碱性环境条件下,生成蒙脱石;伊利石的生成则需要一个轻度的碱性环境。

除了上述环境因素之外,蒙脱石的形成与母岩的组成成分也有着很大的关系。形成蒙脱石的母岩通常由铁镁矿物、钙质长石以及大量火山岩构成,其中火山灰经过风化作用便会形成含有大量蒙脱石矿物的膨胀土[5]。Donaldson[6]和 Van der Merwe[7]指出,基性或超基性火成岩更容易生成含有蒙脱石成分的残余土。根据膨胀土的来源将其母岩分为两类[8]:第一类是基性火成岩,比如位于印度德干高原的玄武岩、南非中部地区的辉绿岩基和岩脉以及南非德兰士瓦北比勒陀利亚西部的辉长岩山脉,这类母岩为长石或辉石的岩体,更容易风化为蒙脱石以及一些次生矿物;第二类是本身就含有蒙脱石成分的沉积岩,这类岩石可以自然风化分解成膨胀土,比如位于美国的南达科他州皮尔地区以及科罗拉多州的丹佛地区发现的膨胀土就源于这类基岩页岩。Tourtelot[9]也提出了生成蒙脱石矿物的两种方式:一种是高地母岩经过风化和侵蚀,其产物被溪流等搬运到沿海平原,细颗粒最终在海洋盆地中形成了含有蒙脱石矿物的页岩;另一种是火山爆发,火山灰经过空气传播,降落堆积在平原以及海洋中,这些火山灰最终会转变形成蒙脱石矿物。

众所周知,黏土矿物是由多种母体物质经过复杂的过程而形成的,这些母体物质包括长石、云母石以及石灰石等。其中,发生在陆地上的蚀变过程称为风化作用;发生在海底或湖泊内的蚀变过程称为岩溶作用。蚀变过程包括崩解、氧化、水化以及浸出。Tourtelot[9]指出,只有在发生极端崩解情况、强烈水化作用以及有一定限制的浸出行为下才可能形成蒙脱石矿物,其中浸出作用受到限制是为了使镁离子、钙离子、钠离子以及铁离子产生堆积。因此可以得知，产生蒙脱石矿物必须具备以下 3 个条件：碱性的环境、大量的镁离子以及不完全的浸出行为。在降雨量相对较少或具有季节性中等降雨量的半干旱地区通常具备以上这些环境条件，特别是一些蒸发量超过降雨量的地区，这些地区拥有足够的水源可以促使蚀变过程发生，与此同时累积的阳离子也不会被过量的雨水冲走。

1.2.2　膨胀土的矿床类型

根据不同成矿作用所体现的成矿地质条件、矿床规模、矿体形态、赋存特征和矿石物质组成等方面的差异，膨胀土矿床可划分为 4 种成因类型，分别为盆地火山风化型矿床（basin-weathered volcano-sedimentary deposits）、原位火山沉积型矿床（insitu-weathered volcano-sedimentary deposits）、热液型矿床（hydrothermal deposits）及沉积型矿床（sedimentary deposits）。具体介绍如下[9]。

1. 盆地火山风化型矿床

盆地火山风化型矿床是湖泊或者海洋中的火山灰经过空气传播或者水的搬运沉积风化后而形成的。形成这个类型的膨胀土矿床必须满足下述所有条件：①有充足的火山灰来源；②火山灰在沉积盆地发生堆积；③堆积的火山灰在海水（或者其他碱性水源）作用下转化为含蒙脱石矿物的黏土；④新生成的矿物不会受到侵蚀作用（机械破坏）影响或者不会发生进一步矿物间的转化（深埋的蒙脱石矿物很容易转化为伊利石或者伊利-蒙脱石混合型矿物）。

值得注意的是，这类膨胀土矿床和其余 3 种矿床有着明显的区别。首先，火山灰在沉积盆地中沉积之前，会先通过介质（主要是空气）进行迁移，然后在迁移的过程中根据颗粒大小、密度等因素发生沉积，这个过程也可以称为杂质分离的过程。在海水（含有过量 Na^+ 的碱性水源）里的火山灰沉积物便会形成钠基膨胀土（交换阳离子成为含 Na^+ 的膨胀土）。

2. 原位火山沉积型矿床

原位火山沉积型矿床是火山玻璃在水环境中原位转变而成的，也是形成膨胀土最常见的过程。这类膨胀土在形成之前，由于没有充足的介质将火山灰进行迁移，因此在随后的沉积过程中火山灰颗粒也没有按大小、密度等进行划分，所以并没有发生有效的杂质分离过程。上述过程生成的膨胀土一般都是钙基或者镁基膨胀土，这是因为发生风化过程地区的地下水里含丰富的 Ca^{2+} 和 Mg^{2+}。

3. 热液型矿床

热液型矿床主要是由于在火山岩区或沿侵入岩体的断裂、接触破碎带，受后期富水汽的热液影响，使火山玻璃、次火山岩体发生热液交代作用，淋漓出铝硅酸盐中部分硅、碱、碱土金属，而形成热液型膨胀土，热液蚀变作用与裂隙引导来的外部热液有关。蚀变呈带状分布，母岩可以是流纹质、粗面质熔岩，流纹质凝灰岩，碎屑岩，也可以是安山-玄武质玢岩、酸性侵入岩。该类矿体一般不规则，呈脉状、透镜状、瘤状、似层状等，规模大小不一。产生这类膨胀土的最佳 pH 范围为 5~7，而最佳温度则高达 160℃。在这类膨胀土矿床中，一般既有钠基膨胀土，也有钙基膨胀土。

4. 沉积型矿床

沉积型矿床是通过膨胀土矿床的再沉积或者蒙脱石堆积而形成的，类似成土过程。这些矿床大多数分布于火山体附近的沉积环境（主要是陆内沉积）中，而膨胀土或蒙脱石的来源一般是通过原地风化。例如，捷克南波希米亚的 Marmov 矿床和西波希米亚的 Zelena 矿床就是典型的通过蒙脱石堆积的沉积型矿床。但是目前关于这类特殊的膨胀土矿床的形成机制还没有充分的研究与报道。

1.3　膨胀土的判别与分类方法

膨胀土的胀缩等级评判是进行膨胀土处治的首要任务，在膨胀土地区进行工程建设时，首先必须正确区分膨胀土与非膨胀土，然后划分膨胀土的类别和等级，进而确定建筑物的设计原则及其相应的工程措施。

国家标准针对膨胀土的判别与分类提出了一些相应的方法。比如《膨胀土地区建筑技术规范》（GB 50112—2013）[10]提出了按场地的工程地质特征和建筑物破坏形态进行初判，再按自由膨胀率指标来综合判定膨胀土等级的方法。自由膨胀率指标是目前最常用的判别方法指标之一，但是对于该指标的可靠性一直存在着争议。郭爱国等[11]在试验中发现，试验采用的量筒容积是 50mL，而量筒的最小刻度是 1mL，量筒中土体体积每增加 1mL，自由膨胀率就增加 10%，由此可见自由膨胀率的值只能精确到十分位，百分位是估读，而判别指标的分类是按百分位划分的，因此这给精确判别自由膨胀率带来了困难，特别是在分类指标的临界处，很容易产生误判；此外，对于同一种土而言，不同操作人员对土的碾细程度不同也会导致 10mL 土样的质量存在较大差别。

任何黏土的膨胀潜势都可以通过鉴定该黏土的矿物组成加以评价，不同类型、不同含量以及不同矿物组成的膨胀土在物理化学、物理力学和物化力学等性质方面都会反映出明显的差异，因此 X-ray 衍射、红外光谱分析以及热重量分析等矿物学鉴定法也经常用于膨胀土的判别与分类中。除此之外，膨胀土的主要矿物成分蒙脱石是导致膨胀土吸水膨胀的主要黏土矿物。蒙脱石是一种层状硅铝酸盐矿物，其单位晶胞由两个硅四面体中间夹一个铝八面体构成。蒙脱石晶层上下都是氧离子，晶层之间通过"氧桥"连接，这种连接力很弱，水分子和其他阳离子极易进入从而使得晶层间距扩大。当膨胀土中的蒙脱石含量达到 5% 时，即可对土的胀缩性和抗剪强度产生明显的影响，若膨胀土中的蒙脱石含量超过 20%，则土的胀缩性和抗剪强度基本上全由蒙脱石控制。蒙脱石含量是膨胀土膨胀与收缩的物质基础，是膨胀土膨胀与收缩的内在因素；阳离子交换量反映膨胀土晶格的吸附能力，阳离子数量和种类是膨胀土膨胀与收缩的外在因素。蒙脱石含量和阳离子交换量也作为膨胀土判别与分类的指标。上述通过膨胀土自身矿物成分及性质对膨胀土进行判别与分类的方法利用了土质学理论，选择了反映膨胀土本质的参数，对膨胀土判别与分类较为合理与准确。但是以上这些分类方法需要精准昂贵的仪器以及训练有素的操作人员，在一般的土工实验室中很难进行测试，因此在膨胀土工程建设中很难加以推广。

《公路路基施工技术规范》（JTG/T 3610—2019）[12]提出了按自由膨胀率、塑性指数和标准吸湿含水率对膨胀土进行判别与分类的方法。标准吸湿含水率是指在标准温度（通常为 25℃）和标准相对湿度（通常为 60%）下，膨胀土试样恒重后的含水率。标准吸湿含水率指标与比表面积、阳离子交换量、蒙脱石含量之间存在着近似线性的关系，这表明标准吸湿含水率方法具有明确的物理意义且可以反映膨胀土的最基本的本质属性。标准吸湿含水率方法能够很好地反映出膨胀土的膨胀和收缩特性，但是其试验过程对周围环境要求比较苛刻且用时较长，对于大型膨胀土工程的适用性亟待探讨。

除了上述规范提出的方法之外，国内外学者还提出了许多用于膨胀土判别与分类的方法，主要分为以下两大类：一类是直接指标法，包括上述提到的蒙脱石含量、阳离子交换量，还有比表面积等；另一类是间接指标法，包括自由膨胀率、膨胀力、线缩率、收缩系数等胀缩特性指标，以及液限、塑性指数、小于 2μm 颗粒的含量等土的基本物理力学性质指标。通过直接判别指标进行分类比较直观，但是试验测定的方法较为复杂，指标难以获取。通过间接指标进行分类判别试验方法简单易行，但是这些指标的获取都具有片面性、随机性和不确定性。例如，胀缩特性指标往往与土样的初始状态密切相关，因此判别结果会受到土样初始含水率和初始干密度的影响。界限含水率是所有黏土的共性指标，它只能间接地反映膨胀土的特性，不能反映土体的结构性，此外，由于影响膨胀潜势的因素较多且复杂，用多个判别指标对同一个土样进行判别与分类时经常将膨胀土划分为不同的等级，难以统一。

为了避免使用单一指标对膨胀土进行判别与分类时产生的局限性，很多学者提出了根据土体的各种不同指标组合对膨胀土进行判别与分类的方法。例如，陈善雄等[13]提出了利用液限、塑性指数、自由膨胀率、小于 0.005mm 颗粒含量及胀缩总率 5 个指标联合作为膨胀土判别与分类的指标，建立了一种新的判别方法，并通过试验进行了验证，认为该方法具有精确度高、易操作等优点。然而，此方法所需获得的指标太多，整个试验总耗时过长，在实际工程中具有局限性，不适合膨胀土工程现场的快速判别。类似的多指标判别法还有美国垦务局（United States Bureau of Reclamation，USBR）法的最大胀缩指标分类和印度黑棉土判别分类法[13]，这些分类方法多采用如塑性指数、缩限、膨胀体变和粒径小于 1μm 颗粒含量、天然含水率、天然孔隙比、胀缩特性指标等一些非独立因子指标，而这些指标都是随客观环境变化的量，会造成同一种膨胀土在不同环境状态下出现不同胀缩等级的情况。

　　针对多指标分类判别法存在的问题，学者们又引进了数学方法将各个指标综合起来对膨胀土进行判别与分类。例如，黄卫等[14]利用膨胀土的 7 个指标（包括直接指标与间接指标），基于模糊数学理论提出了膨胀土胀缩等级判别的模糊评判的理论模型，并编制了计算机程序对判别方法进行实践检验，证明了该方法的可靠性。李玉花等[15]基于灰色聚类法利用膨胀土的 6 个指标对膨胀土的胀缩等级做了评价。杜延军[16]提出膨胀土判别与分类的 BP 神经网络模型，只利用了液限、塑性指数、自由膨胀率 3 个指标，相对于模糊数学理论和灰色聚类法指标减少了，且避免了人为因素的影响，能够更加准确地对不同胀缩等级的膨胀土进行判别和分类。上述方法为膨胀土判别与分类提供了一条数学化、定量化的途径，但是由于这类方法建立的判别函数并不是唯一的，其表达式也不尽相同，故其判别精度还有待验证；除此之外，上述这类数学统计的方法需要编制相关程序，因此在实际的膨胀土工程中不易为广大的科研工作者及施工人员所掌握，难以大面积推广。综上所述，膨胀土的判别与分类方法的统一还有很长的路要走。

1.4　膨胀土的工程特性

1.4.1　膨胀土的微结构特性

　　膨胀土的微结构指的是在一定的地质环境条件下，由土颗粒孔隙和胶体结构等所组成的整体。国内外众多学者对研究膨胀土的特性做出了巨大贡献，主要总结如下[17]。

　　（1）膨胀土微结构主要由蒙脱石、伊利石、高岭石或蒙脱石-伊利石的混层矿物颗粒组成。

　　（2）膨胀土的黏土颗粒多呈聚集状、大小不一且形状各异。蒙脱石多呈弯曲、卷曲状；高岭石是粒状叠片体颗粒，它的单片体比较平整，与蒙脱石和伊利石相比较厚，形状较为规则，厚宽较大；伊利石为类云母结构，在显微镜下类似碎屑云母，呈薄片状，但没有蒙脱石那样的弯、曲边，也没有高岭石形状规则、厚实。

（3）膨胀土微结构单元主要是由曲片黏胶和曲片黏粉构成的，有的单元片状颗粒间彼此呈平行层状排列结构，具有高度的定向性。

（4）单元体与单元体之间，多呈面-面接触、面-边接触以及面-边-角接触多种形式的组合，且彼此之间胶结连接弱，孔隙、裂隙发育程度较高，形成了各种结构类型。

（5）膨胀土的微裂隙是构成膨胀土特殊微结构特征的重要组成部分，不仅决定膨胀土裂隙介质不连续的特点，还直接影响着膨胀土的工程特性，尤其是 0.05～1.00μm 的凝聚体性质对土体工程性质有着至关重要的影响。

（6）膨胀土水化作用后，孔隙、裂隙内自由水层增厚，连接力消失，但其内部物质没有流失；在没有散垮状态下失水风干，土块收缩成块状，裂隙发育。当试样为明显定向的微结构形态或具有微层理的结构时，遇水后则顺定向方向胀裂。

（7）膨胀土的膨胀势随微观结构的密实程度、卷曲片状颗粒及片状单元体数的增加而增加，与结构形式有关。

有研究表明，膨胀土的胀缩特性不仅取决于其矿物成分、粒度组成及阳离子交换量等因素，在很大程度上也受其微观结构特征的影响。土颗粒的高分散性及膨胀性黏土矿物是膨胀土胀缩特性的基础，而其特殊的微观结构则是影响其胀缩性强弱的关键因素。由于膨胀土的胀缩性、裂隙性和超固结性既是相互联系又是相互影响的，因此膨胀土的微结构对膨胀土的胀缩性、多裂隙性和超固结性也有着重要的影响。胀缩性是引起膨胀土胀缩变形的内因，胀缩变形会引起膨胀土内部裂隙的产生，而裂隙的产生又为水的入侵提供通道，进而导致下部土体产生新的胀缩变形，从而进一步导致旧裂隙的发育以及新裂隙的生成。此外，超固结性也会促使胀缩变形加快变化。

1.4.2　膨胀土的胀缩性

胀缩性是膨胀土的典型性质之一，膨胀土的胀缩性主要表现为在含水率发生变化时引起的膨胀或收缩变形，在往复的干湿循环作用下，结构逐渐趋于松散，强度发生衰减[18]。

膨胀土在干湿循环作用下产生的胀缩变形往往表现出不可逆性，且随干湿循环次数的增加而增加。膨胀土的胀缩变形一般可以分为宏观结构变形和微观结构变形两部分，其中宏观结构变形的可逆性与干湿循环过程中的累积变形量相关，而微观结构变形通常是可逆的。当土颗粒与水相互作用时，由于黏土矿物颗粒表面的亲水性与水分子的极性结构特征，水分子在电场力的作用下会吸附在土颗粒表面，形成一层吸附水膜。水膜的厚度与黏土矿物种类、孔隙溶液成分、环境温度、外部荷载以及微观结构等因素直接相关，而水膜厚度的变化则可以直接反映膨胀土的胀缩性。由此可以看出，膨胀土吸水膨胀的过程，本质上是水膜形成并且逐渐增厚的过程，即在土颗粒上形成一种"楔"力，使颗粒间距增加，孔隙变大的过程。

一般情况下，土体中的蒙脱石含量越高，其膨胀性越强。对于压实土体来说，膨胀土膨胀率的大小与初始状态密切相关。此外，膨胀土的膨胀变形还受干湿循环次数以及外部应力条件的影响，随着干湿循环次数的增加，相对膨胀率和绝对膨胀率都会产生逐渐减小的趋势，荷载的增加也会显著抑制膨胀变形的发生。

膨胀土的干燥收缩过程可以看作土体内力作用下颗粒间孔隙减小以及密实度增加的过程。在蒸发过程中，孔隙中的水在表面张力作用下会形成弯液面，产生毛细水压力。表面张力和弯液面曲率半径是影响毛细水压力的关键性因素，毛细水压力一般为负值。因此，土体干燥失水过程中，颗粒周围的水膜变薄，孔径减小，在毛细水压力和表面张力的共同作用下，土颗粒会随水分蒸发而逐渐靠拢，宏观表现为收缩变形。由于土体的非均质特性，土体的收缩变形存在差异性，局部的收缩变形有可能受到限制而产生应力集中，从而为裂隙发育提供了条件。关于膨胀土的胀缩机理，也有一些学者提出了不同的观点，如黏土矿物晶格扩张理论、双电层理论、渗透压和吸力势理论、超微孔隙分布理论等。不过，目前尚未有一种理论可以完美地诠释膨胀土所发生的胀缩现象。

1.4.3　膨胀土的裂隙性

膨胀土的裂隙性是膨胀土的一项重要工程特性。在干旱的季节，膨胀土因蒸发失水收缩，以致在土体表面产生纵横交错的裂隙网络，俗称龟裂。膨胀土的裂隙按其成因一般可以分为两大类：原生裂隙和次生裂隙。其中，次生裂隙又可细分为分化裂隙、减荷裂隙、斜坡裂隙和滑坡裂隙等。

原生裂隙多为闭合状，而次生裂隙则具有张开状的特征，多为宏观裂隙，肉眼即可进行分辨。次生裂隙一般多由原生裂隙发育而成，所以次生裂隙具有继承性。关于膨胀土裂隙发育的影响因素，学者们做了大量研究。例如，Yan 等[19]指出黏粒含量是导致土体龟裂的重要因素，是裂隙网络结构形态的主要影响因素；唐朝生等[20]研究了土体厚度、温度、干湿循环次数和土质成分等对裂隙结构形态的影响；徐彬等[21]发现裂隙随干湿循环次数的增加而逐渐增多，干湿循环次数对裂隙的产生、发育有着重要的影响。

干缩裂隙的形成除了受上文所述膨胀土的微结构特性影响之外，还受很多因素的控制和影响，而对于干缩裂隙的形成机理，目前学术界尚无统一观点。唐朝生等[20]认为龟裂的形成和发展与土中水分的蒸发速率、应力状态以及收缩特性等直接相关。其中，引力和抗拉强度是制约龟裂形成的两个关键性力学参数，当土体中张拉应力超过土体的抗拉强度时，龟裂便会产生。唐朝生等[20]还发现，裂隙往往率先产生于土体表面的弱点处，因此他们从张拉应力集中的角度探讨了非匀质土体裂隙发育的力学机制。Shin 等[22]认为，空气进入孔隙是裂隙发育的临界点。在孔隙较大的位置，当在干燥过程中达到进气值时，吸力增速明显加快而在局部产生应力集中，从而产生裂隙。

到目前为止，关于裂隙的产生和发育机理仍然有很多问题亟待解决，如裂隙发育过程中力的来源以及服从规律、裂隙网络为何以四边形为主、当一条裂隙靠近另一条裂隙时为何会发生转向而与之垂直相交等。除此之外，我国不同地区的膨胀土或者不同环境下的膨胀土裂隙发育状态存在着显著的差异，这与膨胀土中的黏土矿物成分、微观结构、孔隙水成分以及蒸发速率等因素有关。因此，只有综合考虑土质学、土力学和土结构等因素，才可以从本质上揭示膨胀土干缩开裂机理。

1.4.4 膨胀土的超固结性

超固结性是指土体在地质历史过程中曾承受过比当前应力水平更高的荷载作用，其固结状态通常用超固结比（over-consolidation ratio，OCR）来描述。

与胀缩性和裂隙性相比，超固结性的研究均以定性描述为主，相对比较薄弱。膨胀土在自然沉积过程中，在重力的作用下逐渐堆积，土体将随着堆积物的加厚而产生固结并逐渐被压实压密。但是由于自然环境变化的多样性以及地质作用的复杂性，土体在自然界的沉积作用并不一定都是连续堆积而产生加载的过程，也会常常因地质作用而发生卸载作用，因此土体由于先期固结所形成的部分结构强度阻止了卸载可能产生的膨胀而处于超固结状态。导致膨胀土超固结性的原因有很多，除了上述的自重作用和气候作用之外，胶结作用和膨胀土自身具有比一般黏土更强的胀缩性也是重要原因[23]。在干燥的环境中，随着膨胀土中水分的不断蒸发，含水率和饱和度不断减小，由于膨胀土中含有大量的黏土颗粒，处于非饱和状态时膨胀土中的吸力可高达 100～200MPa，导致颗粒间的有效应力显著增加，土体发生显著的胀缩变形，固结度也会因此而增加，值得注意的是，这个过程并不完全可逆，从而导致膨胀土呈现出明显的超固结性。由前面分析可知，膨胀土由于胀缩变形会产生明显的裂隙，当土体中产生了裂隙后，裂隙两侧风化产物也会逐渐填充裂隙，当有雨水入渗时，便会发生吸水膨胀，裂隙愈合，产生侧向膨胀力。随着气候干湿循环的作用影响，反复的胀缩变形会使膨胀土水平侧向应力远大于竖向自重应力，从而会表现出超固结特性。

由前面分析可知，膨胀土的超固结特性不仅仅是由自重应力引起的，还受很多因素控制。膨胀土边坡失稳除了受胀缩性和裂隙性影响之外，超固结性的影响也不可忽视，尤其是一些人工开挖的边坡，更应该引起相应的重视。土体在超固结作用下，具有较大的结构强度和比正常固结土更大的水平应力，在不受外界干扰的条件下一般比较稳定，但是在边坡开挖的过程中，边坡的形成过程其实就是一个卸载的过程。由于膨胀土具有较高的水平应力，卸载效应比正常固结土要大得多，因此更容易产生裂隙，使土体整体结构遭到破坏，强度降低，对边坡的稳定性产生显著的负面影响。

第 2 章　膨胀土的组成及工程处理技术

膨胀土的特殊工程性质是受其矿物组成、化学成分及结构构造控制的，研究膨胀土的物质组成与结构，深入探究膨胀土的胀缩机理，不仅可以了解导致膨胀土不良工程特性的内在因素，而且更是研究膨胀土改良与加固新方法和新技术的重要前提。本章内容主要围绕膨胀土的物质组成及胀缩机理展开分析讨论，并对近些年关于膨胀土改良和加固的工程处理技术进行了归纳和总结，为解决相关工程地质问题提供参考。

2.1　膨胀土的物质组成

膨胀土主要由强亲水性矿物——蒙脱石和伊利石组成，其中蒙脱石是导致膨胀土吸水膨胀的重要黏土矿物。蒙脱石是一种层状硅铝酸盐矿物，其单位晶胞由两个硅四面体中间夹一个铝八面体构成，其晶层结构如图 2.1 所示。

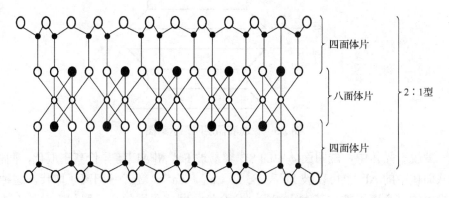

图 2.1　蒙脱石的晶层结构示意图

蒙脱石的晶层由硅氧片和水铝片叠合而成。硅氧片由硅四面体叠合而成，每个硅四面体由 1 个硅原子（半径 0.039nm）和 4 个氧原子（半径 0.132nm）组成，形成 1 个三角锥，一共 4 个面，故称为硅四面体。水铝片由铝八面体叠合而成，铝八面体由 1 个铝原子（半径 0.057nm）和 6 个氧原子或氢氧原子组成，共有 8 个面，故称铝八面体，如图 2.2 所示。

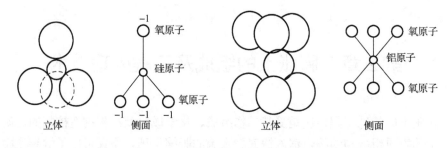

（a）硅四面体构造图　　　　　　　　　　（b）铝八面体构造图

图 2.2　蒙脱石晶层构造示意图

由图 2.2 可以看出，硅四面体和铝八面体通过共用氧原子结合在一起。一个八面体片和一个四面体片组成的矿物称为 1∶1 型层状矿物，两个四面体片中间夹一个八面体片组成的矿物称为 2∶1 型层状矿物，由上面的构造分析可知，蒙脱石属于 2∶1 型层状矿物。一个铝八面体片和两个硅四面体片结合在一起称为一个晶层。晶层之间存在一定的间隙，这个间隙的大小就是所谓的"晶层间距"，如图 2.3 所示。

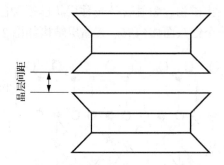

图 2.3　蒙脱石晶层间距示意图

蒙脱石晶体中，硅四面体中的 Si^{4+} 容易被 Fe^{3+} 和 Al^{3+} 等异价离子取代，同样，铝八面体中的 Al^{3+} 也可以被 Fe^{3+}、Fe^{2+}、Ca^{2+}、Zn^{2+}、Mg^{2+} 等阳离子取代。这种晶格当中的一个离子被与其大小相当、化合价相同或不同的离子取代，但是不改变晶格构造的行为称为同晶置换。当高价阳离子被低价阳离子取代时，原晶体结构中增加了等当量的负电荷，使得蒙脱石晶体呈现出天然的负电性，为了保持电中性，必然要从周围溶液中吸附阳离子来平衡增加的负电荷。

蒙脱石晶层上下都是氧离子，晶层之间通过"氧桥"连接，这种连接力很弱，水分子和其他阳离子极易进入从而使得晶层间距扩大。晶层间距扩大时，其内表面也可以吸持水分和各种离子（图 2.4），蒙脱石比表面积很大，为 $700 \sim 800 m^2/g$，因而具有很大的阳离子交换量。这是含水量变化引起膨胀土开裂的重要原因。当蒙脱石与水接触时，水分子进入蒙脱石晶层之间，与层间离子发生水合作用，晶层间距增大，相应地，蒙脱石颗粒发生膨胀，因此这个阶段的膨胀称为晶层膨胀。

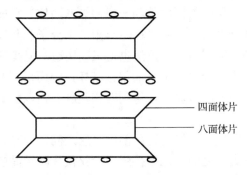

四面体片

八面体片

图 2.4　蒙脱石晶层内外表面吸附阳离子位置图

　　组成膨胀土的另外一种主要矿物成分为伊利石，虽然与蒙脱石同为 2:1 型晶层结构，但伊利石属于非膨胀性矿物。与蒙脱石不同的是，伊利石中的交换阳离子是钾离子；另外，伊利石中的同晶置换全部发生在四面体片中，而蒙脱石则主要发生在八面体片中。层间钾离子嵌在伊利石相邻的晶层构成的空间内，刚好与氧原子形成合适的 12 次配位，使得晶层间的连接力增强。而且，由于伊利石中的同晶置换都发生在四面体片中，因此，相对蒙脱石而言，伊利石层间钾离子对负电荷的吸引力就更强。除此之外，钾离子水合能力比较弱，其本身具有所有阳离子中最低的水化能。综合上述原因，不难理解，伊利石尽管与蒙脱石具有相似的晶型结构，但它并不属于膨胀性矿物。

2.2　膨胀土的胀缩机理

　　膨胀土作为一种特殊的非饱和土，本身结构非常复杂，其吸水膨胀的过程是土颗粒内部与土颗粒之间的土与水两相介质产生物理化学反应和力学作用过程的一种综合体现。目前，关于膨胀土的胀缩机理，比较常见的有晶格扩张理论和双电层理论[24]。

2.2.1　晶格扩张理论

　　蒙脱石和伊利石具有层状或链状的晶格构造，层状晶格构造又被称为膨胀晶格构造，水分子容易渗入晶层间形成水膜夹层，在微观上促使晶格扩张，在宏观上表现为膨胀土膨胀。由前文可知，在黏土矿物中，蒙脱石的膨胀性最强，它由 3 个亚层组成，两层硅氧四面体中间夹一层铝氧八面体，两个相邻的硅氧四面体之间只靠范德华力相连，结合力非常弱，因此水和其他极性分子很容易进入晶层间，导致晶层间距变大，发生膨胀。正因为如此，蒙脱石的晶格距离几乎是可以随意变动的，可随水分子的吸收和排出而变化，导致了膨胀土的胀缩变形。高岭石是由两个亚层（即一层硅氧四面体和一层铝氧八面体）组成的，两个相邻亚层之间以氢键连接，结合力很强，晶格构造牢固，水分子和其他极性分子很难进入晶层间使其发生膨胀。伊利石晶体虽然也是三层构造，但晶胞之间多以 K^+ 连接，K^+ 的键合力较强，不容易受到水分子的侵蚀破坏，因而伊利石的膨胀性要远小于蒙脱石，且因其晶格构造的过渡性，伊利石和蒙脱石常以伊蒙混层的形式存在于膨胀土内[25-27]。

黏土的膨胀不仅发生在晶格构造内部的晶层之间，同时也发生在颗粒与颗粒之间以及聚集体与聚集体之间，晶格扩张理论仅仅局限于晶层间"楔入"水膜夹层的作用，而没有考虑黏土颗粒间及聚集体间吸附结合水的作用，因此具有一定的局限性。

2.2.2　双电层理论

关于膨胀土胀缩机理的双电层理论，从蒙脱石角度出发，也可以得到合理的印证。前面提到，由于硅四面体和铝八面体中的高价阳离子被低价阳离子取代，使得蒙脱石晶体呈现出天然的负电性，因而，在黏土矿物颗粒周围形成静电场，在静电引力作用下，黏土颗粒表面必然需要吸附周围环境中的阳离子以平衡增加的负电荷，而这些阳离子多以水化阳离子的形式存在于溶液中。带负电荷的黏土矿物颗粒表面与吸附的水化阳离子层合起来称为双电层[28]。被双电层吸附的水分子定向排列，束缚于黏土矿物颗粒的周围，形成表面结合水。结合水膜的存在使得土颗粒间的距离增大，土体产生膨胀。当土体失水，结合水膜变薄或消失时，颗粒间的距离减小，土体产生收缩。由此看来，双电层的影响不仅存在于单一矿物颗粒表面，同时也存在于集聚体表面或集聚体之间，因而它弥补了晶格扩张理论在解释膨胀土胀缩原因上的不足，使膨胀土的胀缩理论更加全面充实。

Norrish 等[29]以及前人的研究使人们形成一种认识，在晶层间距 d_{001} 小于 2.2nm 时，蒙脱石晶体的膨胀主要是由晶层间交换性阳离子的水化作用引起的，这可以认为是水化膨胀的第一阶段——晶层膨胀。当层间阳离子充分水化并从黏土表面脱离形成扩散双电层时，晶层膨胀结束，渗透膨胀开始。一般认为，双电层渗透压使颗粒之间发生膨胀。谭罗荣等[30]认为，在晶层间距 d_{001} 小于 1.9nm 的晶层内，可以直接应用胶体化学中的渗透压理论而无须借助水化能和双电层渗透压理论，就能较好地解释蒙脱石晶体的膨胀和收缩现象。Norrish[31]和 Madsen 等[32]认为黏土表面与孔隙水之间的梯度是引发渗透膨胀的关键因素。Moyne 等[33]通过微观和宏观的同一性分析，在双电层理论的基础上，研究了膨胀土的结构和电层耦合问题；Kaczynski 等[34]对波兰膨胀土的膨胀势机理进行了研究；Fredlund 等[35]对膨胀土胀缩机理进行了较为全面的研究。

2.3　膨胀土工程治理方法

膨胀土危害性大、分布范围广、造成的工程问题突出，因此对于膨胀土的工程治理研究显得尤为重要。目前，关于治理膨胀土不良特性的方法主要分为两类：一类是物理方法，另一类是化学方法。

2.3.1　物理方法

物理方法主要指的是不改变土体自身物质成分及理化性质的方法，比如植物防护、骨架防护、全封闭护坡和片石护坡等对坡面进行防护的方法；再如设置排水沟，建立地表排水网，断绝坡内水分来源的表水防护方法；膨胀土边坡防护和加固须针对膨胀土的特性，以防表水入侵和冲蚀，防止风化和胀缩变形，其主要措施为表水防护、护面防护、支挡防护和换土等。还有类似土工格栅、挡土墙护坡、防滑平台加固坡脚等方法[36-37]。

上述物理加固方法均是通过添加辅助材料缓解土体吸水膨胀的方法。对于一般的地基，工程中往往采用夯实法和压实法来提高土体的密度和承载力。例如，Brandl[38]提出通过水平振击法促使土体中超静孔隙水压力消散，加快土体的固结过程，从而提高土体的抗剪强度。再如，郭春平[39]提出强夯法，通过物理击实功可以很好地增强湿陷性黄土的土体密度，改变土体的含水量，增加地基强度和抗变形能力。

长沙理工大学的郑健龙教授[40]团队，针对膨胀土不良工程特性，提出了一种新的物理处治技术。此技术是将膨胀土填于特定的路堤部位，限制填芯部分的总高度，并对膨胀土填料做防渗保湿处理，控制土体含水率在一定范围内，从而使路堤保持足够的强度和温度。杨和平等[41]结合室内试验和实体工程，验证了膨胀土填筑公路路基的物理处治技术的有效性，使膨胀土直接用作路堤填筑材料成为可能。目前，该技术在我国多条高速公路建设中得到成功的应用，这不仅避免了大量土方废弃造成的浪费，也减少了土地资源的浪费和环境的污染，节约了施工成本，具有节能、环保、经济等优点。

保护膨胀土边坡的物理加固措施主要分为刚性支护和柔性支护两大类[42]，其中刚性支护通过钢支撑、木支撑、混凝土衬砌及覆喷混凝土等限制岩土体位移过大、防止有害松动、保持岩土体稳定性，并实施坡面封闭。刚性支护具有较好的治理效果，但是处理费用较高，变形协调能力差，土体产生较大变形时很容易造成其破坏。柔性支护主要采用土工织物，辅以其他综合处治措施，柔性支护体允许一定程度的变形，能有效释放土体中的膨胀力，降低土体对支挡结构的应力作用，同时起到支挡与封闭的作用。

近年来，土工格栅加筋柔性支护对膨胀土进行加固的方案，在工程处理中取得了良好的效果[43]。土工格栅加筋柔性支护技术的思路是将土工格栅与土分层摊铺，使格栅将膨胀土包裹并与上层格栅连接成一个整体，不仅增强了格栅与土的咬合作用，还通过土体压实增强土体强度，限制土体水平膨胀变形，而且格栅与土形成的整体成为具有一定膨胀推力的柔性支护体。同时，在加筋体与开挖坡面间设碎石排水层，用于疏干坡内裂隙水，在坡面采用混凝土网格花饰及内植绿化，减弱雨水冲刷和抑制土体干湿变化。柔性支护在允许边坡少量变形条件下能有效地对土体进行保湿防渗，边坡土体大部分应力和膨胀力得以释放，在柔性支护体自重作用下能有效抵抗土压力，此即"保湿防渗"和"刚柔相济"的技术思路[44]。

膨胀土路基物理处治技术和膨胀土路堑边坡柔性支护技术在广西、云南、北京等省、自治区、直辖市多条高速公路上成功应用，得到了良好的经济效益和生态保护成果[45]。

2.3.2　化学方法

除了物理方法加固膨胀土外，工程上常常采用化学方法对膨胀土的不良工程特性进行改良[46-48]。化学改良法主要通过在膨胀土中加入其他物质，使添加材料与黏土颗粒发生某种反应，从而达到降低膨胀土膨胀潜势，提高膨胀土强度和水稳定性的目的。化学改良法一般从 3 个方面进行：一是通过加入某种化学物质（溶液）使黏土颗粒连接更加紧密，进而阻止水分的侵入；二是通过化学作用来降低土颗粒的亲水特性和吸附结合水的能力，从而降低土体的含水量；三是通过一系列化学反应生成无机化合胶结物质，通过填充作用进而提高土体密度，堵塞水分入侵的通道，提高土体后期强度和长期耐久特性。目前，比较常见的无机类化学改良剂有石灰、水泥、粉煤灰等，其理论研究与施工工艺都相对比较成熟，在工程中应用也比较广泛[49]。这类改良剂的作用机理相近，主要是通过离子交换作用、碳化作用、凝胶作用、结晶作用等对土体进行改良[50-54]。常用无机改良剂的作用机理如下。

1）石灰改性

石灰的主要成分是 CaO 和 MgO，这两种化合物的含量越高，活性越大，胶结能力就越强。石灰改良膨胀土主要是通过以下作用来实现的。

（1）离子交换。生石灰掺入膨胀土后，首先发生消解生成 $Ca(OH)_2$ 和 $Mg(OH)_2$，$Ca(OH)_2$ 和 $Mg(OH)_2$ 离解出的二价阳离子 Ca^{2+} 和 Mg^{2+} 很容易置换出膨胀土颗粒所吸附的低价阳离子 K^+、Na^+ 等，二价阳离子 Ca^{2+} 和 Mg^{2+} 的结合水膜较薄，能使膨胀土的分散性、坍塌性、亲水性和膨胀性降低，塑性指数下降并易稳定成型，形成早期强度。

（2）碳酸化作用。生石灰消解产生的 $Ca(OH)_2$ 和 $Mg(OH)_2$ 继续与空气中 CO_2 反应，生成高强度和水稳定性好的 $CaCO_3$ 和 $MgCO_3$，加强了对土体的胶结作用，形成石灰稳定土。在长期的碳酸化作用过程中，石灰土的强度逐渐得到加强。

（3）凝胶反应。在石灰掺入膨胀土中发生离子交换的后期，随着龄期的增长，膨胀土中的硅胶和铝胶与石灰进一步反应形成水化硅酸钙、水化铝酸钙，这两种水硬性凝胶强度逐渐增大，在膨胀土的黏粒外围形成稳定的保护膜，具有强黏结力，形成网状结构将土颗粒团聚起来，同时，凝胶结构层会随着龄期的增长而加厚，灰土强度得到逐步提高，并保持长期的稳定。

（4）结晶作用。由于石灰在水中的溶解度很小，生石灰掺入膨胀土中消解后，除了离子交换作用和碳酸化作用外，大部分以 $Ca(OH)_2$ 结晶水的形式结晶，晶体进行碳酸化作用又进一步提高了膨胀土的强度和稳定性。目前，针对石灰改良膨胀土的研究主要集中在石灰的掺量、改性土的养护龄期、干湿循环次数、长期稳定性和施工技术等方面。至于石灰改良膨胀土的最佳掺量，对中膨胀土而言，当石灰掺量在 6%～8%时，各项指标均能满足工程使用要求。

2）粉煤灰改性

粉煤灰的化学成分主要为 SiO_2、Al_2O_3、Fe_2O_3、CaO 和 MgO，前 3 种成分的总含量一般占到 70%以上。粉煤灰固化机理与石灰、水泥等固化材料相似。粉煤灰是一种工业废料，但其作为改性剂可以有效地节省工程造价，同时还起到保护环境的作用。在粉煤灰与水泥或石灰复合对膨胀土改性的情况下，粉煤灰中所含的大量酸性氧化物能与水泥和石灰中析出的部分 $Ca(OH)_2$ 发生二次反应而生成水化硅酸钙和水化铝酸钙等较稳定的低钙水化物，这些胶凝性物质不断团粒化，形成强度较高的空间网架结构，从而提高土体的抗溶蚀能力。但粉煤灰单独改性后的膨胀土早期强度较差，且常需要较大的掺量，直接影响施工进度，虽然提高粉煤灰的掺量可以提高早期强度，但成本较高，而且固化土水稳定性较差。

3）水泥改性

水泥对膨胀土的固化，主要体现在水泥在水化过程中各组分与水反应，生成硅酸盐、铝酸盐和氢氧化钙。氢氧化钙继续与黏土中的矿物发生化学反应，生成凝胶物质，减少了亲水矿物的含量，并提高了土颗粒间的联结强度，同时 Ca^{2+} 与土颗粒表面吸附离子发生阳离子交换反应，使土颗粒吸水性能改善并团粒化，增加膨胀土的水稳定性。相对石灰和粉煤灰，水泥土的强度更高。但由于水泥材料自身的特点，造成水泥改性土的干缩系数和温缩系数均较大，其适用范围有很大的局限性，水泥对塑性指数高的黏土、有机土及盐渍土的加固效果不理想甚至没有效果；由于凝结时间的限制，在施工时，需要在几小时内完成加水拌和和碾压的过程，因此容易拌和不均匀，导致水泥的强度得不到充分利用；水泥本身的造价比石灰要高出很多，因此出于成本的考虑，水泥改性在工程实践中的应用往往没有石灰改性那么广泛。

　　上述这些传统的治理方法在实际工程中都存在一定的局限性。例如，石灰或水泥的添加会对环境造成严重的影响，因为在生产石灰和水泥的过程中会消耗大量的资源，并向大气中排放大量的温室气体[55]。由于环境问题的产生和日益加重，国内外许多学者尝试通过固体废弃物来对膨胀土的不良特性进行改良。根据美国国家公路和运输官员协会（American Association of State Highway and Transportation Officials，AASHTO）研究，目前至少有 15 种废弃材料或工业材料副产品在膨胀土地基工程治理中得以成功应用，这类材料主要包括废弃的地毯纤维、磷矿经选矿后的固体废弃物、椰子壳以及废弃煤渣等[56-59]。废弃物的合理利用有效地降低了添加剂的使用成本，进而可以大幅降低工程成本，减少许多不可再生资源的浪费，有利于我国可持续发展战略的实施。但是利用废弃材料治理膨胀土的方法均需要将固体材料翻拌掺入土中，施工过程中需要耗费大量的人力物力，且施工周期较长，土地资源浪费严重[60]。

　　鉴于此原因，国内外广大学者尝试通过复合有机溶液对膨胀土不良特性进行改良。有机改良剂主要包括有机高分子固化剂和离子型表面活性剂类固化剂。例如，虞海珍等[61]基于 ESR 膨胀土生态改性剂（ESR 膨胀土生态改性剂是一种复合的化学配方与少量带有活性石灰掺配成的中性水溶液）来加固膨胀土，结果表明，经 ESR 膨胀土生态改性剂作用后的土体由原来的亲水性变成憎水性，改良剂可以使膨胀土土体永久改变属性，增强土的强度。改性后的边坡坡面会形成一个整体固结网，水稳定性极好，能保持坡面长久稳定。王保田等[62]使用十六烷基三甲基溴化铵（CTMAB）对膨胀土不良特性进行了改良，发现改良后土体的性质得到了明显的改善，改良土的膨胀性明显降低，强度大幅提高，水稳定性也满足工程需求。刘清秉等[63]采用离子土壤固化剂（ionic soil stabilizer，ISS）对河南安阳地区膨胀土进行化学改性试验研究，试验结果表明改性后土体的膨胀指标降低，强度大幅度提高，膨胀土经化学改性为非膨胀土。ISS 溶液主要是通过与土粒离子进行强烈的交换作用，打开土粒与水分子之间的化学键，降低土颗粒表面吸附水膜厚度，包裹在黏粒颗粒表面的疏水基团覆盖膜使土对水的敏感性减弱，从根本上减弱了土体吸水性和膨胀性。

　　近年来，碳酸盐产物被广泛应用于提高各种材料（如土壤、砂浆、混凝土和再生骨料等）的工程性能中。例如，主要用于岩土土体加固的微生物矿化技术，其生产的无机化合物在岩土材料中起到填充和胶结作用，其功能类似于水泥，故叫作生物水泥（biocement）。生物水泥可通过多种微生物过程获得，其中通过尿素水解反应的微生物诱导碳酸盐沉积（microbially induced calcite precipitation，MICP）过程是目前微生物岩土技术领域研究最为广泛的课题[64]。然而，这项技术目前也遇到了一些问题。例如，微生物的反应速率和反应物的转化率不高，MICP 法中的副产物氨气缺乏有效的处理方案以及试验中反应过程无法可靠地控制等[65-67]。此外，还可以将碳酸钙颗粒直接掺入黏土中对其不良特性进行改良。但是值得注意的是，膨胀土与普通黏土不同，膨胀土在通常情况下多呈坚硬–硬塑状态，其强度较高，若直接将碳酸钙与膨胀土混合进行改良，则需要大量的施工设备，从而导致施工成本大幅度提高。除此之外，国内外许多学者还通过化学诱导碳酸钙沉淀（chemical induced calcium carbonate precipitation，CICP）的方法对土体进行改良加固[68-69]。化学诱导碳酸钙沉淀方法主要指的是通过将 CO_2 气体或 $Ca(OH)_2$ 溶液注入土壤中以加速碳酸钙沉淀生成的过程。然而由于 $Ca(OH)_2$ 呈强碱性，具有潜在的危害和毒性，因此不管对植物还是土壤都有着较大的危害[70]。

膨胀土的化学改良加固是膨胀土工程地基处理研究领域中重要的课题之一，它涉及化学、力学、工程力学以及材料等多学科。开展这方面的研究，对于改良膨胀土不良工程性质，治理膨胀土基础工程，从根本上解决膨胀土危害具有重要的理论价值和较好的工程应用前景。

第3章 硅灰及水泥硅灰复合改良膨胀土研究

硅灰是冶炼金属硅和硅铁时从烟尘中所收集的粉末状材料,如果不加以回收利用,直接排放到大气中,将会对大气造成污染,属于工业废料。随着人们环保意识的提升,国内外大量学者对硅灰进行了研究,使得这种工业副产品在各领域中得到越来越多的利用。水泥作为一种成熟的膨胀土改良剂,在工程中已经得到了广泛推广和应用,但是随着近年来由于环境保护的压力,全国范围内开始对高排放的产业进行整改,导致水泥行业的生产成本和产量受到了影响,水泥单价的上涨,势必会增加工程建设的成本。本章主要利用工业废弃料硅灰及水泥硅灰复合改良两种方法对膨胀土进行改良,通过一系列室内试验对两种改良剂的改良效果进行评价,并对改良机理进行探究,为膨胀土改良提供新的研究思路。

3.1 试 验 材 料

3.1.1 试验用土的基本性质

本试验用土取自南京市高淳区,土样颜色为褐黄色,中间有乳白色的夹层,有关学者将此类土称为裂隙性黏土。在有关学者对南京等地区的研究调查中发现,此类黏土多分布于平原河流的阶地上,主要属冲积和冰水沉积物,沉积时代均为更新世,以晚更新世为主,沉积厚度不等。对试验用土进行的基本物理性质试验,包括击实特性试验(或称击实试验)、自由膨胀率试验、界限含水率试验、干湿循环试验及干湿循环后直接剪切试验(快剪)等。本书所涉及试验步骤均按《土工试验方法标准》(GB/T 50123—2019)进行[71]。

本章试验用土的基本物理性质指标如表 3.1 所示。

表 3.1 试验用土基本物理性质指标

基本物理性质指标	自由膨胀率/%	相对密度	液限/%	塑限/%	塑性指数	黏聚力/kPa	内摩擦角/(°)	无荷载膨胀率/%
测试结果	55.0	2.74	51.6	23.2	28.4	18.9	11.9	9.3

土样的液限为 51.6%,塑限为 23.2%,塑性指数为 28.4,土样的液限大于 50%,塑性指数大于 0.73 (ω_L-20),根据《膨胀土地区建筑技术规范》(GB 50112—2013)[10],土样为高液限黏土(CH)。

3.1.2　试验用土的击实特性

试验用土的干密度-含水率关系曲线如图 3.1 所示。试验采用单位体积击实功为 592.2kJ/m³ 的轻型击实试验仪器，击实筒尺寸为 ϕ99.5mm×126mm，分 5 层击实，每层击实 25 次。

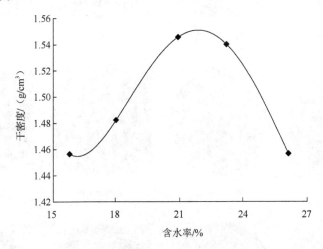

图 3.1　试验用土干密度-含水率关系曲线

由图 3.1 可以得出，试验用土（素土）最大干密度为 1.55g/cm³，最优含水率为 22.3%。该曲线的整体趋势呈现出中间高、两边陡降趋势，含水率变化对干密度影响较大。因此在实际压实过程中，含水率控制要求较高。

3.1.3　干湿循环作用下膨胀土特性研究

1.　干湿循环作用下膨胀土变形开裂特性

在膨胀土的诸多工程性质中，胀缩性受干湿循环的影响一直是国内外研究的重点。在实际工程中，膨胀土反复胀缩导致土体裂隙开展，结构松散，且这种变形通常是不可逆的。土体经历雨季含水率增加，旱季含水率降低，此为一次干湿循环的过程，通常周期为一年。室内试验过程中，为了更好地模拟土体的干湿循环导致裂隙开展和土体变形情况，通常采用快速干湿循环模拟现场情况。即将制好的环刀样放置在透水石上，利用毛细水作用增湿至 27.8%含水率（雨季土体含水率），然后自然风干至 18%含水率（旱季土体最低含水率）。

素土试样在干湿循环过程中裂隙发展情况如图 3.2 所示。从图 3.2 可以看出，干湿循环的过程是试样中新裂隙产生、发展、贯通，并最终形成网格状裂隙的过程。

图 3.2　素土试样干湿循环过程中裂隙发展情况

　　第一次干湿循环，试样先经过饱和，后进行自然风干，在风干过程中，试样表面未出现明显的干缩裂隙，试样边缘也未与环刀发生脱离。第二次干湿循环，试样在风干过程中开始出现了几条明显微裂隙，且试样边缘开始与环刀发生脱离。第三次饱和后，原有的裂隙由于土体膨胀均发生闭合，试样变得更加松软。出现这个现象的原因，主要是试样在干湿循环过程中体积发生了不可恢复的膨胀变形，从而导致土体的干密度较未干湿试样小。第三次失水收缩后，试样表面出现较宽的贯穿裂隙，试样的收缩变形也越来越大。自第三次干湿循环后，随着后续干湿循环次数的增加，试样表面的裂隙越来越宽，土样饱和后膨胀变形越来越大，在第五次和第六次风干过程中，试样表面出现了局部土体脱落现象，试样的结构遭到严重破坏。

在试样干湿循环过程中，采用电子游标卡尺测量试样的高度，每个试样量取 4 组数据，并取其平均值为试样平均高度。定义试样的绝对膨胀率、相对膨胀率、绝对收缩率和相对收缩率计算式分别如下。

绝对膨胀率为

$$\delta_{ae} = \frac{h_{ei} - h_0}{h_0} \times 100\% \tag{3.1}$$

相对膨胀率为

$$\delta_{re} = \frac{h_{ei} - h_{s(i-1)}}{h_{s(i-1)}} \times 100\% \tag{3.2}$$

绝对收缩率为

$$\delta_{as} = \frac{h_{si} - h_0}{h_0} \times 100\% \tag{3.3}$$

相对收缩率为

$$\delta_{rs} = \frac{h_{si} - h_{ei}}{h_{ei}} \times 100\% \tag{3.4}$$

式中，δ_{ae} 为绝对膨胀率（%）；δ_{re} 为相对膨胀率（%）；δ_{as} 为绝对收缩率（%）；δ_{rs} 为相对收缩率（%）；h_0 为试样的初始高度（mm）；h_{ei} 为试样第 i 次膨胀稳定后的高度（mm）；$h_{s(i-1)}$ 为试样第 i-1 次收缩稳定后的高度（mm）；h_{si} 为试样第 i 次收缩稳定后的高度（mm）。

素土膨胀率随干湿循环次数变化关系曲线如图 3.3 所示，由图 3.3 可以得出：素土在经历第一次干湿循环时，其绝对膨胀率为 9.32%，在经历三次干湿循环后，其绝对膨胀率基本趋于稳定。通过对比干湿循环过程中素土试样裂隙发展情况，可以看出在第三次干湿循环后土样表面产生大量贯穿裂隙，土样结构接近完全破坏。素土的相对膨胀率在第二次干湿循环后则出现了小幅度的波动现象，但是相比于第一次干湿循环仍呈现出较大程度的降低趋势。相对膨胀率是土体相对上一次失水收缩后的膨胀率，由于膨胀土在经历一个周期的干湿循环后，产生了不可恢复的膨胀变形，因此相对膨胀率会产生降低的趋势。

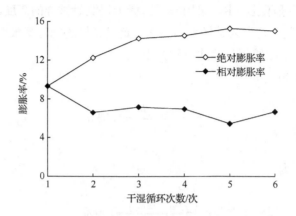

图 3.3　素土膨胀率随干湿循环次数变化关系曲线

素土收缩率随干湿循环次数变化关系曲线如图 3.4 所示，由图 3.4 可以得出：素土试样的绝对收缩率随干湿循环次数的增加呈现出递增趋势，绝对收缩率定义为试样相较于其原始高度的收缩程度，绝对收缩率大于 0 表征为土体体积增加，绝对收缩率小于 0 表征为土体体积减小，因此可以看出，素土试样在干湿循环过程中发生了不可恢复的膨胀变形，但是变形量随着干湿循环次数的增加逐渐趋于稳定。素土试样的相对收缩率在干湿循环过程中小于零，说明试样在每次失水过程中发生了体积的收缩，其体积收缩量虽有小幅度波动，但相比于第一次干湿循环仍呈现整体增大的趋势，也从侧面体现出了干湿循环导致膨胀土结构松散，有更多的自由水进入土体导致土体体积增加，因此在每次失水收缩后体积收缩量变大。

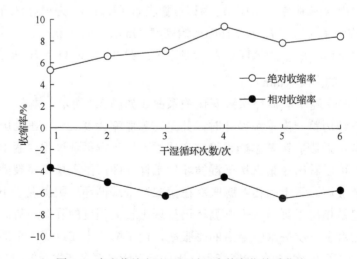

图 3.4　素土收缩率随干湿循环次数变化关系曲线

2. 干湿循环作用下膨胀土抗剪强度变化规律

干湿循环对膨胀土强度的影响归咎于以下两个方面：体积的膨胀和裂隙的发展。其中膨胀土在干湿循环过程中产生了一部分不可逆的膨胀变形，从而导致了土体干密度降低，土体结构遭到严重破坏；同时由于干湿循环作用，导致微裂隙的产生和贯穿，这些裂隙会导致土体进一步发生膨胀变形及强度的衰减[72]，因此，探究干湿循环过程对土体强度的影响是研究膨胀土强度的重点。在素土试样每经历一次干湿循环后对其进行快剪试验，试验采用 50kPa、100kPa、150kPa、200kPa四个垂直压力。将土样放入剪切盒中，施加相应的垂直压力，以 0.8mm/min 的剪切速度进行剪切。试验结果见表 3.2 和图 3.5、图 3.6。

表 3.2　不同干湿循环次数下快剪试验结果

干湿循环次数 N	不同垂直压力下抗剪强度 τ_f/kPa				快剪强度指标	
	50kPa	100kPa	150kPa	200kPa	黏聚力 c/kPa	内摩擦角 φ/(°)
0	28.64	41.50	50.95	68.84	18.9	11.9
1	22.33	38.26	49.35	54.23	14.3	12.1
2	19.91	32.62	36.93	47.74	12.3	10.0
3	16.60	23.33	34.59	41.33	7.6	9.7
4	17.39	22.77	36.53	41.78	7.9	9.9
5	14.03	23.11	34.84	38.03	6.6	9.5
6	17.13	22.32	32.88	44.08	6.3	10.4

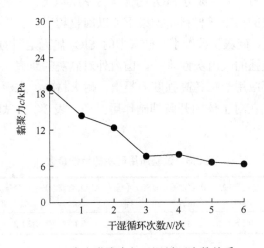

图 3.5　素土黏聚力与干湿循环次数关系

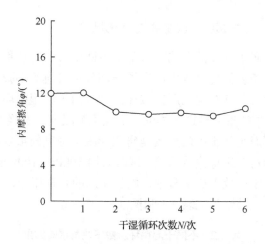

图 3.6　素土内摩擦角与干湿循环次数关系

从表 3.2 和图 3.5、图 3.6 可以看出，膨胀土试样在干湿循环后的强度有所降低，膨胀土的内摩擦角在小幅度范围内上下波动，与吕海波等[72]研究的结果一致，说明干湿循环对膨胀土的内摩擦角影响不大。膨胀土的黏聚力随着干湿循环次数的增加呈现出先降低后稳定的趋势，三次干湿循环后其黏聚力相较于未干湿的膨胀土共降低了 59.8%，且趋于稳定值，六次干湿循环后总降幅为 66.7%，因此，干湿循环对膨胀土强度的影响不容忽视。

3.1.4　改良材料

硅灰又名微硅粉，主要成分 SiO_2 的含量占 90%以上。它是冶炼金属硅和硅铁时从烟尘中所收集的粉末状材料。如果不加以回收利用，直接排放到大气中，将会对大气造成污染。硅灰颗粒细小，硅灰中的 SiO_2 属无定型的物质，活性高，比表面积大，具有较强的火山灰性质[73]。国内外对硅灰的研究，使其在工程中应用越来越广泛，主要应用于制备高强度混凝土、耐火材料、水泥等领域，也有少数国外学者研究了硅灰对土体的开裂抑制作用[74-79]。表 3.3 为试验所用硅灰的特性参数。

表 3.3　试验所用硅灰的特性参数

特性参数	容重/(kg/m³)	平均粒径/μm	比表面积/(m²/g)	SiO_2含量/%	Al_2O_3含量/%	Fe_2O_3含量/%	MgO含量/%	CaO含量/%
测试结果	200~250	0.5~1	15	≥90	≤1.7	≤1.2	≤0.3	≤0.2

图 3.7 为试验所用硅灰的宏观形态，图 3.8 为试验所用硅灰的微观形态，由硅灰的 SEM 图像可以看出，硅灰由于其巨大的比表面积，其存在并不是单粒

状态，颗粒间由于相互吸附作用而呈团聚结构，结构较为松散，具有较强的吸附性。

图 3.7　试验所用硅灰的宏观形态

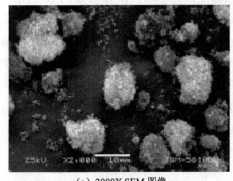

（a）2000X SEM 图像

（b）5000X SEM 图像

图 3.8　试验所用硅灰的微观形态

试验所用水泥为复合硅酸盐水泥，水泥型号为 P·C32.5。

3.2　硅灰改良膨胀土试验方案与改良机理

3.2.1　试验方案简介

硅灰改良膨胀土具体的试验方案如下。

（1）筛选土样。试验用土取自南京市高淳区胥河大桥段的河道边坡，试样取回后，剔除钙质结核。测定土样的含水率，取适量土样过 5mm 筛。

（2）掺灰。将过筛后的土样平均分成 3 份，每份 1kg，按照含水率计算干土质量，分别按照干土质量的 1%、3%、5%掺入硅灰并拌和均匀。

（3）焖料。将掺灰后的土样装入塑料袋内焖料 3d，在焖料的过程中定期翻拌土样。

（4）制样及养护。将焖料后的土样进行压实制样，放置在潮砂中养护。分别按照不同的养护龄期进行试验，试验分为击实试验（击实试验用土仅须焖料，无须压实）、膨胀特性试验、界限含水率试验、干湿循环试验及干湿循环后快剪试验。

3.2.2　改良机理

硅灰对膨胀土的改良机理主要包括离子交换作用、硅灰表面的吸附作用、硅灰的胶结作用与填充作用[80]。具体改良机理为：硅灰中含有少量的 CaO 和 MgO，掺入膨胀土后会产生 Ca^{2+}、Mg^{2+}，可与黏土颗粒所吸附的低价 K^+、Na^+等离子置换，使黏土双电层厚度变薄。当膨胀土与硅灰拌和后，由于硅灰巨大的比表面积，遇水后易形成偏硅酸（H_2SiO_3），从而形成胶体团粒。胶体团粒附带的 H^+被黏粒表面所带的负电荷吸引，使团粒包围在黏粒周围，改善了黏土颗粒之间的黏结作用，使黏土颗粒之间的结合力增加，从而减少了黏粒的吸水作用，增强了土体的水稳定性。硅灰颗粒细小，平均粒径在 $0.5\sim1\mu m$ 之间，能有效地填充膨胀土的孔隙，使土粒之间连接更加紧密，从而降低土体的渗透性。土体渗透性的大小将直接影响土体裂隙发育[81]，土体渗透性的降低将导致降雨入渗的速率减慢及对边坡的影响深度降低，从而减少边坡微裂隙的产生和发育，增强边坡的稳定性。

3.3　硅灰改良膨胀土室内试验研究

3.3.1　硅灰改良膨胀土击实试验研究

为了探究膨胀土中掺入硅灰后其最大干密度和最优含水率的变化规律，分别选取 1%、3%和 5%掺量的硅灰采用湿掺法掺入膨胀土中并进行击实试验。湿掺法是指将风干土样加水至目标含水率后，再加入硅灰掺拌均匀后进行击实试验的方法[82]。硅灰掺量与膨胀土最大干密度的关系如图 3.9 所示，硅灰掺量与膨胀土最优含水率的关系如图 3.10 所示。

由试验结果可以看出，硅灰的掺量对膨胀土最大干密度影响不大，随着硅灰掺量的增加，最大干密度的增大量相对较小，可以视为硅灰掺量对膨胀土最大干密度无影响；但膨胀土的最优含水率随着硅灰掺量的增加而减小。下文试验中使用的硅灰试样均依据本试验所得结果进行制样。

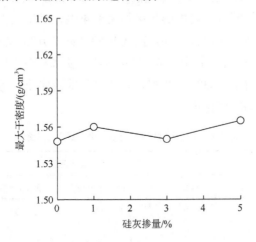

图 3.9　硅灰掺量与膨胀土最大干密度的关系

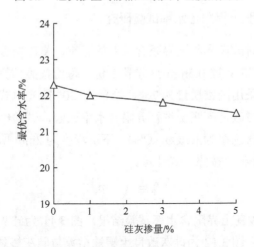

图 3.10　硅灰掺量与膨胀土最优含水率的关系

3.3.2　硅灰改良膨胀土膨胀特性试验研究

按照《膨胀土地区建筑技术规范》（GB 50112—2013）进行自由膨胀率的计算，计算式如下。

$$\delta_{ef} = \frac{V_w - V_0}{V_0} \times 100\% \tag{3.5}$$

式中，δ_{ef} 为膨胀土的自由膨胀率（%）；V_w 为土样在水中膨胀稳定后的体积（cm^3）；V_0 为土样原始体积（cm^3）。

硅灰改良膨胀土自由膨胀率试验结果如表 3.4 所示。由表 3.4 可知，膨胀土素土自由膨胀率为 55%，随着硅灰掺量的增加，膨胀土的自由膨胀率降低，但 1%掺量的硅灰改良后的膨胀土自由膨胀率仍大于 40%，因此，1%硅灰掺量的改良膨胀土按照《膨胀土地区建筑技术规范》（GB 50112—2013）的规定仍为弱膨胀土；3%、5%硅灰掺量的改良膨胀土在养护 7d 后自由膨胀率分别降低至 32%、30%，在养护 28d 后分别降低至 30%、28%，均改良为非膨胀土，且随着养护龄期的增加自由膨胀率降低幅度变化不大。

表 3.4　硅灰改良膨胀土自由膨胀率试验结果

养护时间/d	自由膨胀率/%			
	素土	1%硅灰掺量	3%硅灰掺量	5%硅灰掺量
7	55	42	32	30
28	55	41	30	28

3.3.3　硅灰改良膨胀土界限含水率试验研究

为了消除龄期对改良膨胀土界限含水率的影响，将硅灰改良土样养护至 28d 龄期，取风干土样 250g 过 0.5mm 筛分成 3 份，每份按照估算含水率加纯水将土样调成均匀膏状。采用圆锥质量为 76g、锥角为 30°的光电式联合测定仪，采用液塑限联合测定法对改良膨胀土进行界限含水率试验，试验结果取锥尖下沉深度为 17mm 所对应的含水率为液限 ω_L（%），下沉深度为 2mm 所对应的含水率为塑限 ω_p（%），塑性指数 I_P 按照下式计算。

$$I_P = \omega_L - \omega_p \tag{3.6}$$

表 3.5 为硅灰改良土界限含水率试验结果，图 3.11 为硅灰改良土界限含水率与硅灰掺量的关系，图 3.12 为硅灰改良土塑性指数与硅灰掺量的关系。

表 3.5　硅灰改良土界限含水率试验结果

硅灰掺量/%	液限/%	塑限/%	塑性指数
1	45.3	23.5	21.8
3	41.2	23.3	17.9
5	39.8	23.9	15.9

由图 3.11、图 3.12 可以看出，随着硅灰掺量的增加，硅灰改良膨胀土的液限呈下降的趋势，但硅灰的掺入对塑限却基本没有影响，所以塑性指数也呈现出降

低的趋势。这主要是因为硅灰可以有效降低膨胀土的亲水性以及减少蒙脱石矿物颗粒表面弱结合水的数量。

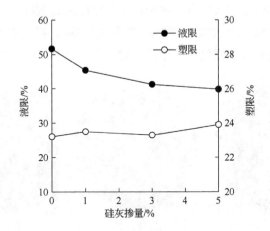

图 3.11　硅灰改良土界限含水率与硅灰掺量的关系

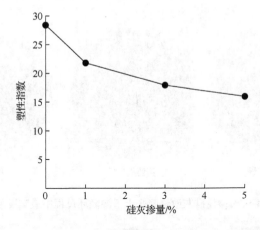

图 3.12　硅灰改良土塑性指数与硅灰掺量的关系

3.3.4　硅灰改良膨胀土干湿循环试验及干湿循环后快剪试验研究

1. 干湿循环过程中硅灰改良膨胀土变形开裂特征研究

在自然环境中，伴随炎热气候以及暴雨等气候的反复交替，膨胀土不可避免地要经历干湿循环，这就导致了膨胀土在雨水充足的时候会发生膨胀，在炎热气候的时候会产生收缩，从而使膨胀土内部结构发生破坏。膨胀土在自然界中的一大特点就是其体积一直会随着干湿循环的变化而变化，这种体积变化会给实际工程带来不可预料的危害，无论是在工程施工过程中还是工程完工后。为了研究硅灰改良膨胀土在干湿循环过程中裂隙的发展情况,设置硅灰掺量分别为1%、3%、5%的3组对照试验。采用湿拌法将硅灰与膨胀土进行拌和,拌和后的硅灰膨胀土分别按照击实试验确定的最优含水率和最大干密度进行制样,压实度为92%。干湿循环含水率变化幅度为20%～27.8%(饱和含水率),硅灰改良土样经二、四、六次干湿循环后表面裂隙变化情况如图3.13～图3.15所示。

　　第二次干燥　　　　　　　第四次干燥　　　　　　　第六次干燥

图 3.13　1%掺量硅灰改良膨胀土干湿循环过程中裂隙发展情况

　　第二次干燥　　　　　　　第四次干燥　　　　　　　第六次干燥

图 3.14　3%掺量硅灰改良膨胀土干湿循环过程中裂隙发展情况

　　第二次干燥　　　　　　　第四次干燥　　　　　　　第六次干燥

图 3.15　5%掺量硅灰改良膨胀土干湿循环过程中裂隙发展情况

由图 3.13 可以看出,1%掺量的硅灰改良膨胀土在干湿循环过程中由于初始试样在制样过程中存在微裂隙,因此在经历了第二次干燥之后土样表面出现了一条贯穿的裂缝,且随着干湿循环次数的增加裂缝的数量逐渐增多,但相较于素土试样,改良土试样并无颗粒剥落现象。如图 3.14、图 3.15 所示,3%掺量和 5%掺量的硅灰改良膨胀土在干湿循环过程中试样整体性较好,经历数次干湿循环后并没有产生很多裂缝,试样周围也无颗粒剥落现象,说明经硅灰改良后的土样颗粒之间的黏聚力增加,硅灰颗粒吸附在土颗粒表面,降低了颗粒间水膜的厚度,因此土样的水稳定性得到了较大的提升。

硅灰改良土样经一、二、三、四、五、六次干湿循环后胀缩性变形规律如图 3.16、图 3.17 所示。由图 3.16、图 3.17 可知,改良土的绝对/相对胀缩率及绝对/相对收缩率较素土都有很大程度的降低,且随着干湿循环次数的增加,改良土的膨胀率和收缩率均呈现出比较稳定的变化趋势,其水稳定性得到了较大程度的提高。发生上述现象的主要原因是硅灰的加入可以有效减小土颗粒之间结合水膜的厚度,削弱土颗粒之间的斥力,使土颗粒进一步靠近。黏土颗粒通过相互接近而发生絮凝作用,形成了更致密的颗粒堆积和聚集体,因此,土体的胀缩性得到了抑制;土体胀缩性的降低同样也会抑制裂隙的发生与发育,进而使改良土的水稳定性得到大幅提高。

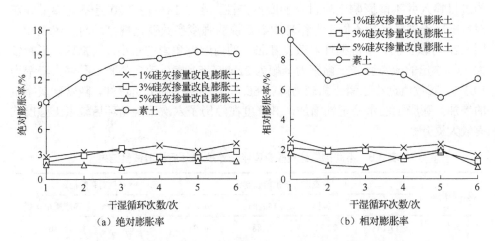

图 3.16　硅灰改良膨胀土膨胀率随干湿循环次数变化关系曲线

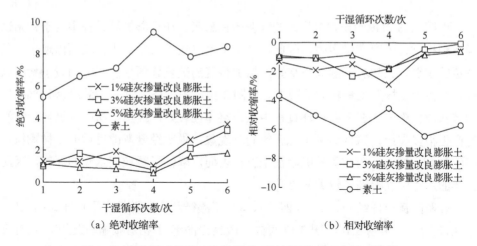

（a）绝对收缩率　　　　　　　　　　　（b）相对收缩率

图 3.17　硅灰改良膨胀土收缩率随干湿循环次数变化关系曲线

2. 干湿循环过程中硅灰改良膨胀土抗剪强度研究

膨胀土是一种特殊性质的土。因为具有特殊的矿物构成，有非常强的水敏性，所以其工程特性在大自然环境中变化很大，强度也会出现明显变动。在干湿循环的作用下，探究膨胀土强度的变化情况，对工程能够起到很好的理论指导作用。

表 3.6 是不同掺量硅灰改良膨胀土养护 28d 后快剪试验结果。由表 3.6 可以得出，改良土的黏聚力随着硅灰掺量的增加逐渐增加，这是由于硅灰的吸附性使土颗粒发生团聚现象；而内摩擦角在 3%掺量之后几乎没有变化，这主要因为硅灰的过量掺入并不能影响土粒自身的摩擦特性。图 3.18～图 3.20 是不同掺量硅灰改良膨胀土试样经历不同干湿循环次数后快剪强度参数变化规律。通过图 3.18～图 3.20 可以得出，干湿循环对改良膨胀土的内摩擦角影响较小，对黏聚力影响较大。3%掺量的改良膨胀土黏聚力降幅为 22.4%，5%掺量改良膨胀土黏聚力降幅为 19.3%，其数值远小于素土黏聚力降幅 66.7%。根据上述分析可知，随着硅灰掺量的增加，膨胀土的水稳定性增加，其强度在经历了六次干湿循环后较素土强度均有较大提升。

表 3.6　不同掺量硅灰改良膨胀土养护 28d 后快剪试验结果

改良剂掺量	不同垂直压力下抗剪强度 τ_f				抗剪强度指标	
	50kPa	100kPa	150kPa	200kPa	黏聚力 c/kPa	内摩擦角 φ/(°)
素土	17.13	22.32	32.88	44.08	6.3	10.4
1%硅灰	28.04	46.36	56.87	65.19	18.6	13.7
3%硅灰	41.93	62.98	75.45	93.10	26.8	18.4
5%硅灰	43.86	66.73	89.05	93.16	30.6	18.8

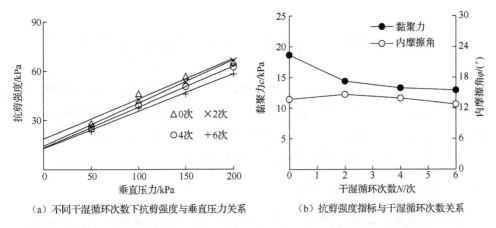

（a）不同干湿循环次数下抗剪强度与垂直压力关系　　（b）抗剪强度指标与干湿循环次数关系

图 3.18　1%掺量硅灰改良膨胀土不同干湿循环次数下快剪强度参数变化规律

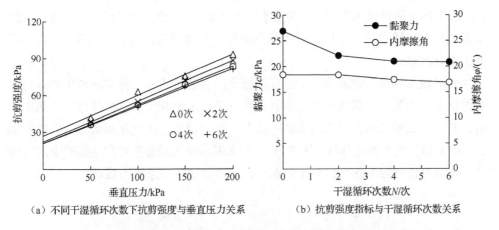

（a）不同干湿循环次数下抗剪强度与垂直压力关系　　（b）抗剪强度指标与干湿循环次数关系

图 3.19　3%掺量硅灰改良膨胀土不同干湿循环次数下快剪强度参数变化规律

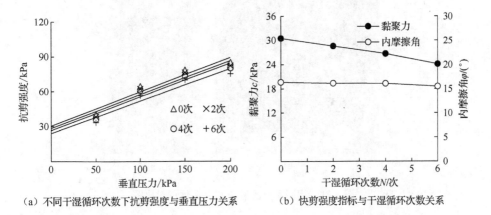

（a）不同干湿循环次数下抗剪强度与垂直压力关系　　（b）快剪强度指标与干湿循环次数关系

图 3.20　5%掺量硅灰改良膨胀土不同干湿循环次数下快剪强度参数变化规律

3.4　水泥硅灰复合改良膨胀土室内试验研究

通过上述内容可知，经硅灰改良后膨胀土的工程特性虽然得到了有效提升，但其强度特性仍未达到工程需求。因此，本节内容利用水泥和硅灰复合改良的方法，研究不同水泥硅灰配比方案对膨胀土不良工程特性的改良效果，从而探究水泥硅灰复合改良剂应用于膨胀土工程建设中的可行性。

3.4.1　复合改良膨胀土试验方案

将现场取来的膨胀土土样分成 6 份，剔除土体中的钙质结核，并过 5mm 筛，测定每份土样的含水率。分别按照每份土样干土质量的 1%、3%、5%掺入改良剂，改良剂有两种配比方案，分别为水泥的质量∶硅灰的质量等于 1∶1 或水泥的质量∶硅灰的质量等于 1∶3。分别按两种配比方案对改良剂进行预混合，再对膨胀土进行改良。

先对改良剂进行预混合，再进行膨胀土改良的方法在工程实际应用中具有明显的优势。首先，提前将硅灰与水泥拌和均匀，能够减少二次掺拌施工工艺的流程；其次，试验所用的硅灰为未加密硅灰，容重较小，因此相同质量的硅灰和水泥，硅灰体积大于水泥体积（图 3.21），在水泥和硅灰混合物拌和至膨胀土的过程中，改良剂能够较为均匀地与土体混合，从而使改性效果更为显著。

（a）硅灰　　　　　　　　　　（b）水泥

图 3.21　相同质量的硅灰与水泥体积对比图

由于硅灰和水泥拌和后在短时间内就会发生化学反应，因此复合改良剂掺入土样后应尽快进行压实制样，制样完成后立即放置在潮砂中根据不同龄期进行养护。养护结束后，将试样取出，分别进行击实试验、自由膨胀率试验、界限含水率试验、干湿循环试验及干湿循环后的快剪试验。具体试验编号及相对应内容如表 3.7 所示。

表 3.7　试验方案表

方案编号	改良剂配比方案	掺量/%
1		1
2	水泥：硅灰（1：3）	3
3		5
4		1
5	水泥：硅灰（1：1）	3
6		5

3.4.2　复合改良膨胀土击实试验研究

采用轻型击实的方法，对不同改良剂掺量的改良膨胀土进行击实试验，试验结果如下所示：图 3.22 为不同类型改良剂改良膨胀土最大干密度与改良剂掺量关系曲线，图 3.23 为不同类型改良剂改良膨胀土最优含水率与改良剂掺量关系曲线。由图 3.22 和图 3.23 可以看出，水泥硅灰复合改良膨胀土的最大干密度随改良剂掺量的增加而增加，最优含水率随改良剂掺量的增加而减小，表现出与水泥改良膨胀土相同的规律。下文相关试验均采用本击实试验结果进行制样。

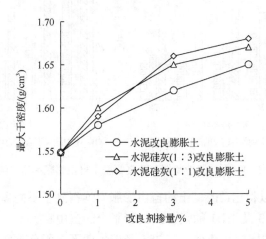

图 3.22　不同类型改良剂改良膨胀土最大干密度与改良剂掺量关系曲线

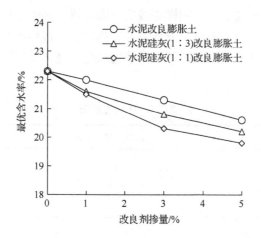

图 3.23　不同类型改良剂改良膨胀土最优含水率与改良剂掺量关系曲线

3.4.3　复合改良膨胀土自由膨胀率试验研究

将改良剂与膨胀土拌和均匀后，按照不同的养护龄期进行自由膨胀率试验，得到试验结果如图 3.24 所示，其中图 3.24（a）为水泥硅灰混合比为 1∶3 的改良膨胀土在不同养护龄期下的自由膨胀率，图 3.24（b）为水泥硅灰混合比为 1∶1 的改良膨胀土在不同养护龄期下的自由膨胀率。

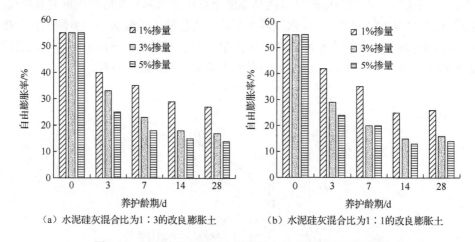

（a）水泥硅灰混合比为1∶3的改良膨胀土　　　（b）水泥硅灰混合比为1∶1的改良膨胀土

图 3.24　不同养护龄期下改良膨胀土自由膨胀率试验结果

由图 3.24 可以得出：改良土的自由膨胀率均得到了不同程度的降低，且水泥硅灰混合比为 1∶3 及 1∶1 的复合改良膨胀土的自由膨胀率在不同的养护龄期下都随改良剂掺量的增加而减小，在 28d 养护龄期下，所有改良土的自由膨胀率均小于 40%。以改良剂总掺量为 3% 的改良膨胀土为例，在相同养护龄期下，改良膨胀土的自由膨胀率大小为：水泥硅灰混合比 1∶1<水泥硅灰混合比 1∶3，因此可以得出 1∶1 配比的复合改良剂相比于 1∶3 配比的复合改良剂对膨胀土自由膨胀率的抑制效果更好；改良土自由膨胀率大幅降低的主要原因是复合改良剂中的硅灰具有较大的表面积，因此使硅灰中火山灰活性较高，硅灰的掺入能在短时间内消耗水泥的水化产物 $Ca(OH)_2$，从而加快水泥水化反应，因此水泥硅灰复合改良剂能在短时间内降低土体的自由膨胀率，对水泥水化起到了一定的催化作用。

3.4.4　复合改良膨胀土界限含水率试验研究

对养护龄期为 28d 的复合改良膨胀土进行界限含水率试验,将试验结果汇总,如表 3.8 所示, 图 3.25 是复合改良膨胀土在塑性图上的分布。

表 3.8　复合改良膨胀土界限含水率试验结果

改良剂种类	改良剂掺量/%	液限/%	塑限/%	塑性指数
素土	0	51.6	23.2	28.4
水泥∶硅灰（1∶3）	1	44.6	23.5	21.1
	3	40.1	24.8	15.3
	5	39.2	25.8	13.4
水泥∶硅灰（1∶1）	1	44.8	23.2	21.6
	3	40.3	25.2	15.1
	5	38.7	26.2	12.5

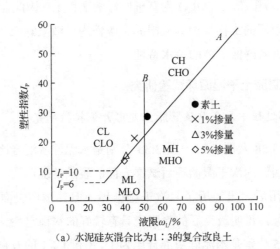

（a）水泥硅灰混合比为1∶3的复合改良土

图 3.25　复合改良膨胀土在塑性图上分布（锥尖入土深度 17mm）

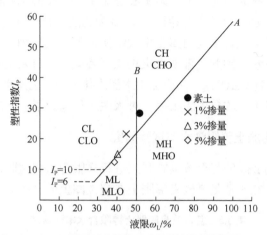

（b）水泥硅灰混合比为1∶1的复合改良土

图 3.25（续）

　　塑性图是 20 世纪 80 年代从美国引进国内的，主要用于对细粒土进行判别与分类。塑性图的横坐标为液限，纵坐标为塑性指数，其中 A 线方程为：$I_P=0.73（\omega_L-20）$，B 线方程为：$\omega_L=50\%$，根据土体液限和塑性指数在塑性图中的位置可以对土体的类别进行判定。在塑性图中 CH 为高液限黏土，CL 为低液限黏土，MH 为高液限粉土，ML 为低液限粉土，CHO 为有机质高液限黏土，CLO 为有机质低液限黏土，MHO 为有机质高液限粉土，MLO 为有机质低液限粉土。因此，从图 3.25 可以看出，经改良剂作用后的土样均由高液限黏土改性为低液限黏土，这说明水泥硅灰复合改良剂可以有效降低土体的亲水特性。

3.4.5　复合改良膨胀土干湿循环试验研究

　　1. 干湿循环过程中复合改良膨胀土变形开裂特性研究

　　图 3.26～图 3.28 及图 3.31～图 3.33 分别是水泥硅灰混合比为 1∶3 和 1∶1 改良土经历二、四、六次干湿循环后试样表面的裂隙情况图像。膨胀土在水泥硅灰复合改良剂作用后，虽经历了六次干湿循环，但其试样表面均无明显裂隙产生，也无脱环现象，说明改良后的膨胀土具有较好的水稳定性。图 3.29、图 3.30 及图 3.34、图 3.35 分别是水泥硅灰混合比为 1∶3 和 1∶1 的改良膨胀土在干湿循环中体积变形情况。由图 3.29、图 3.34 可以得出，土样的膨胀率（绝对膨胀率和相对膨胀率）随着改良剂掺量的增加而减小，第三至四次干湿循环后趋于稳定值。

由图 3.30、图 3.35 可以得出，土样的收缩率（绝对收缩率和相对收缩率）随着改良剂掺量的增加而减小，最后随着干湿循环次数的增加而趋于稳定。

第二次干燥　　　　　第四次干燥　　　　　第六次干燥

图 3.26　1%掺量水泥硅灰（1∶3）复合改良膨胀土干湿循环过程中裂隙发展情况

第二次干燥　　　　　第四次干燥　　　　　第六次干燥

图 3.27　3%掺量水泥硅灰（1∶3）复合改良膨胀土干湿循环过程中裂隙发展情况

第二次干燥　　　　　第四次干燥　　　　　第六次干燥

图 3.28　5%掺量水泥硅灰（1∶3）复合改良膨胀土干湿循环过程中裂隙发展情况

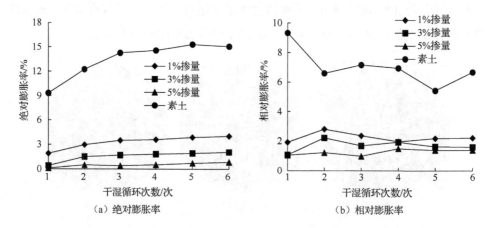

（a）绝对膨胀率　　　　　　　　　　　（b）相对膨胀率

图 3.29　水泥硅灰（1∶3）复合改良膨胀土膨胀率随干湿循环次数变化关系曲线

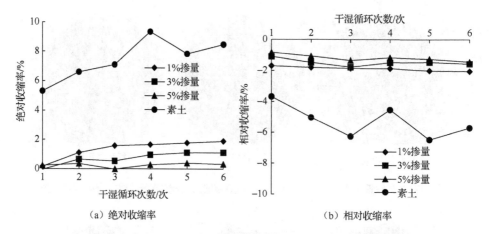

（a）绝对收缩率　　　　　　　　　　　（b）相对收缩率

图 3.30　水泥硅灰（1∶3）复合改良膨胀土收缩率随干湿循环次数变化关系曲线

第二次干燥　　　　　　　　第四次干燥　　　　　　　　第六次干燥

图 3.31　1%掺量水泥硅灰（1∶1）复合改良膨胀土干湿循环过程中裂隙发展情况

第二次干燥 第四次干燥 第六次干燥

图 3.32 3%掺量水泥硅灰（1∶1）复合改良膨胀土干湿循环过程中裂隙发展情况

第二次干燥 第四次干燥 第六次干燥

图 3.33 5%掺量水泥硅灰（1∶1）复合改良膨胀土干湿循环过程中裂隙发展情况

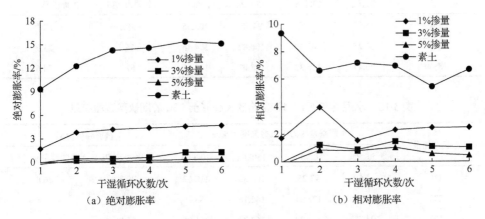

（a）绝对膨胀率

（b）相对膨胀率

图 3.34 水泥硅灰（1∶1）复合改良膨胀土膨胀率随干湿循环次数变化关系曲线

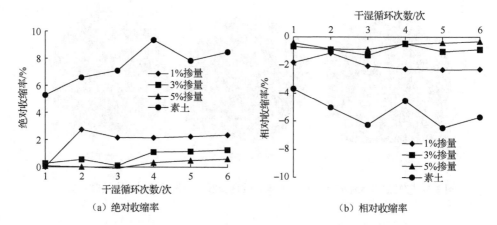

（a）绝对收缩率　　　　　　　　　　　（b）相对收缩率

图 3.35　水泥硅灰（1∶1）复合改良膨胀土收缩率随干湿循环次数变化关系曲线

2. 干湿循环过程中复合改良膨胀土抗剪强度试验研究

将水泥硅灰复合改良膨胀土试样在养护 28d 后进行快剪试验，快剪试验结果见表 3.9 和表 3.10，其中表 3.9 为水泥硅灰混合比为 1∶3 的复合改良膨胀土 28d 龄期快剪试验结果，表 3.10 为水泥硅灰混合比为 1∶1 的复合改良膨胀土 28d 龄期快剪试验结果。图 3.36～图 3.38 及图 3.39～图 3.41 分别为水泥硅灰混合比为 1∶3 与 1∶1 的改良膨胀土快剪强度参数随干湿循环次数的变化规律。

表 3.9　水泥硅灰（1∶3）复合改良膨胀土 28d 龄期快剪试验结果

改良剂掺量	不同垂直压力下抗剪强度 τ_f /kPa				抗剪强度指标	
	50kPa	100kPa	150kPa	200kPa	黏聚力 c/kPa	内摩擦角 φ/（°）
1%	45.02	73.67	94.78	105.55	29.1	22.1
3%	62.25	103.39	108.82	134.46	46.7	23.9
5%	90.47	116.32	129.02	162.63	67.3	24.6

表 3.10　水泥硅灰（1∶1）复合改良膨胀土 28d 龄期快剪试验结果

改良剂掺量	不同垂直压力下抗剪强度 τ_f /kPa				抗剪强度指标	
	50kPa	100kPa	150kPa	200kPa	黏聚力 c/kPa	内摩擦角 φ/（°）
1%	44.59	73.25	105.33	118.02	22.2	26.8
3%	81.85	123.21	142.16	183.09	51.9	32.8
5%	94.78	144.32	163.70	221.06	56.0	38.7

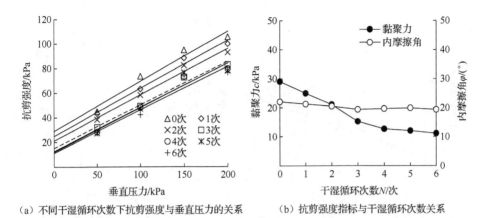

（a）不同干湿循环次数下抗剪强度与垂直压力的关系　　（b）抗剪强度指标与干湿循环次数关系

图 3.36　1%掺量水泥硅灰（1∶3）复合改良膨胀土不同干湿循环次数下快剪强度参数变化规律

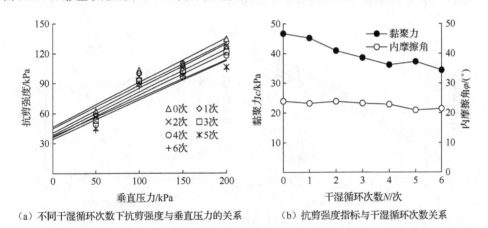

（a）不同干湿循环次数下抗剪强度与垂直压力的关系　　（b）抗剪强度指标与干湿循环次数关系

图 3.37　3%掺量水泥硅灰（1∶3）复合改良膨胀土不同干湿循环次数下快剪强度参数变化规律

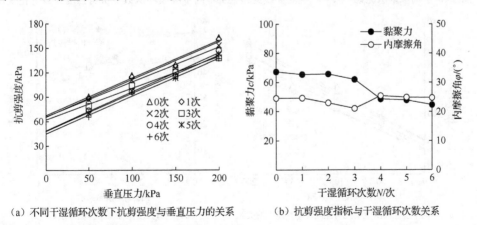

（a）不同干湿循环次数下抗剪强度与垂直压力的关系　　（b）抗剪强度指标与干湿循环次数关系

图 3.38　5%掺量水泥硅灰（1∶3）复合改良膨胀土不同干湿循环次数下快剪强度参数变化规律

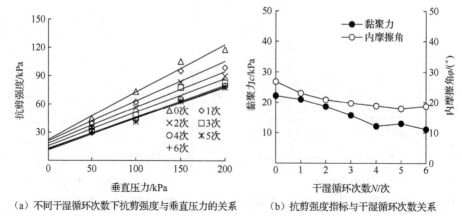

（a）不同干湿循环次数下抗剪强度与垂直压力的关系　　（b）抗剪强度指标与干湿循环次数关系

图 3.39　1%掺量水泥硅灰（1∶1）复合改良膨胀土不同干湿循环次数下快剪强度参数变化规律

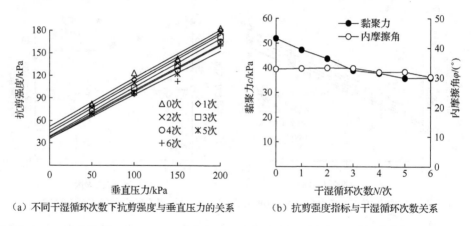

（a）不同干湿循环次数下抗剪强度与垂直压力的关系　　（b）抗剪强度指标与干湿循环次数关系

图 3.40　3%掺量水泥硅灰（1∶1）复合改良膨胀土不同干湿循环次数下快剪强度参数变化规律

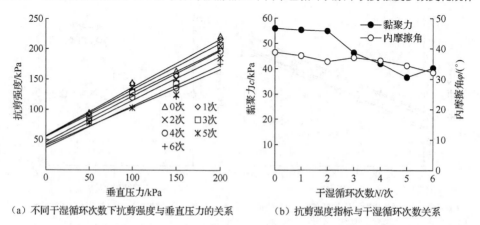

（a）不同干湿循环次数下抗剪强度与垂直压力的关系　　（b）抗剪强度指标与干湿循环次数关系

图 3.41　5%掺量水泥硅灰（1∶1）复合改良膨胀土不同干湿循环次数下快剪强度参数变化规律

　　由表 3.9 和表 3.10 对比可以看出,无论是水泥硅灰混合比为 1∶3 的改良土还是水泥硅灰混合比为 1∶1 的改良土,随着改良剂掺量的增加,改良土的黏聚力和内摩擦角均有所增加,但是水泥硅灰混合比为 1∶3 的改良土(表 3.9)黏聚力提升较大,内摩擦角变化却不明显,而水泥硅灰混合比为 1∶1 的改良土内摩擦角相较于水泥硅灰混合比为 1∶3 的改良土内摩擦角有较大的提高,但是当改良剂掺量超过 3%后黏聚力却没有水泥硅灰混合比为 1∶3 的改良土黏聚力提升得多。这与水泥与硅灰的混合比有关,硅灰的掺量多于水泥的掺量,一部分硅灰与水泥发生了反应,生成的胶结物起到了提升强度的作用;但是另外一部分未反应的硅灰,一方面由于其吸附和填充作用起到了降低土体渗透性,提高土体黏聚力的作用,另一方面硅灰在土体中起到了润滑的作用,这种作用对土体内摩擦角的提升是不利的,它限制了改良土内摩擦角的提高。过多硅灰的掺入虽然不利于内摩擦角的提高,但是对于改良土黏聚力的提高却有一定的贡献,说明存在一个合适的混合比,能使改良土的内摩擦角和黏聚力都有大幅提升。

　　由图 3.36~图 3.38 及图 3.39~图 3.41 可以得出,干湿循环作用对复合改良土强度的影响主要体现在降低复合改良土黏聚力上,对复合改良土内摩擦角影响较小。当改良剂掺量为 1%时复合改良膨胀土在经历六次干湿循环后黏聚力降低幅度较大,而当改良剂掺量为 3%以上时复合改良膨胀土在经历六次干湿循环后黏聚力仍保持较高水平。

　　本节内容介绍了水泥硅灰复合改良膨胀土的室内改良试验成果,综合对比不同配比改良剂作用后膨胀土的膨胀性、强度特性及水稳定性,认为当水泥硅灰混合比为 1∶1,总掺量为 3%时,经改良剂作用后的膨胀土在满足工程建设要求的同时,具有较低的经济成本,可以尝试在日后的膨胀土工程中加以推广应用。

第4章 十八烷基三甲基氯化铵与氯化钾协同作用改良膨胀土研究

目前,膨胀土化学改良较为成熟的方法是通过向膨胀土中掺入石灰、水泥和粉煤灰等固体改良剂来达到改良效果,但该方法存在着很多缺点,如改良剂要经翻拌掺入土中,施工过程中需耗费大量的人力物力,且施工周期较长等。鉴于固体改良剂施工成本高,环境污染大等缺点,很多研究人员致力于寻找可溶于水或其他溶剂的改良剂,喷洒于路堤边坡表面,通过渗透作用进入土体内部,使土体性质得到改良。但目前尚没有相对成熟的液体改良剂出现,通过溶液原位改良膨胀土的方法仍处于不断的探索、试验阶段。本章内容主要通过十八烷基三甲基氯化铵(简称1831)与氯化钾(KCl)协同作用改良膨胀土,通过自由膨胀率试验结果,结合施工成本,选出最优溶液配合比,并通过室内试验对其作用后的强度、变形、水稳定性进行研究,为原位改良膨胀土提供新的思路。

4.1 备选改良剂

4.1.1 备选改良剂的性质

根据膨胀土的胀缩机理,结合膨胀土边坡常用处理方法,参考膨胀土化学改良的基本思路,选择木质素磺酸钠(以下简称木钠)、环氧树脂、硅酸钾、十八烷基三甲基氯化铵(1831)、K^+等进行膨胀土室内改良试验,以自由膨胀率的变化为判断依据,初步筛选出可能有效的膨胀土改良剂。各试剂的性质如下[83-84]。

木钠是一种阴离子表面活性剂,常被用作混凝土减水剂,能吸附在各种固体质点的表面上,可进行金属离子交换,也因为其组织结构上存在各种活性基,因而能产生缩合作用或与其他化合物产生氢键。关于膨胀土胀缩机理的晶格扩张理论,膨胀土中存在着膨胀的晶格构造,晶格之间以范德华力相互连接,水分子容易进入晶胞间形成水膜夹层,从而引起晶胞间距离增大,导致土体体积膨胀。木钠中含有的羟基能与土颗粒发生反应,形成连接强度更高的氢键,从而使晶胞之间的连接力增强,水分子不易进入晶层之间,晶层膨胀受到抑制。因而,考虑用木钠作为膨胀土改性剂的备选试剂,另外,考虑到单独选用一种试剂作用效果可能不明显，可选择几种阳离子与木钠共同作用，通过室内试验研究其改良效果。

环氧树脂是一类结构中含有环氧基团的高分子化合物的统称，具有优异的黏结强度，可用作加固地基基础的灌浆材料；水玻璃是硅酸钾或硅酸钠的水溶液，具有黏结力高、强度较高、耐酸性较强等优点，在工业中常被用于配制速凝防水剂，而在建筑中，通常与氯化钙一起用于加固土壤，称为双液注浆。基于这两种试剂所具有的上述性质，将它们用作膨胀土改性剂时，一方面，改性剂可在膨胀土颗粒表面形成一层薄膜，从而阻止水分子与膨胀土颗粒的进一步作用；另一方面，由于它们所具有的较好的黏结性能，黏土颗粒会因此而团聚成较大的颗粒，比表面积增大，与水分子的作用被削弱，从而膨胀受到抑制。

长期以来，K^+由于具有常见阳离子（Na^+、Ca^{2+}、Mg^{2+}等）中最低的水化能而一直被视为最佳水化膨胀抑制剂[85]。但其应用前提是已经水化膨胀的黏土，因而其单独作用的效果受到了限制[86]。1831 是一种阳离子表面活性剂，能与许多表面活性剂或助剂良好地配伍，协同效应显著，且常用作有机膨胀土的改性剂。为此，本章内容尝试用 1831（试验所用 1831 活性物含量为 70%）与 K^+（K^+可由 K_2CO_3 或 KCl 提供）作为备选溶液对膨胀土进行改良。

4.1.2　备选改良剂改良膨胀土自由膨胀率试验研究

作者认为，对于膨胀土而言，其最本质的特性是胀缩变形突出。因此，改变膨胀土中黏粒成分的亲水性，削弱其胀缩潜势，消除其胀缩能力，才是最有意义的。因此，本研究首先通过自由膨胀率指标对备选改良剂进行初选。

自由膨胀率的计算式为

$$\delta_{ef} = \frac{V_w - V_0}{V_0} \times 100\% \tag{4.1}$$

式中，δ_{ef} 为膨胀土的自由膨胀率（%）；V_w 为土样在水中膨胀稳定后的体积（cm^3）；V_0 为土样原始体积（cm^3）。

1. 试验方案简介

取一定量的膨胀土风干，去掉钙质结核，敲碎，过 2mm 筛，测定其含水率，并按 20%的含水率配制素土；对于改良土，以改良试剂与干土的质量比为控制指标，按照不同试剂类型、不同掺量，将试剂溶于水中，均匀拌和到土中，控制初始含水率在 20%~25%，然后将改良土放入塑料袋中密封 48h。

取密封过的素土和改良土烘干，碾碎，过 0.5mm 筛备用。按自由膨胀率试验要求进行试验，并记录试验结果。

2. 试验结果研究

素土的自由膨胀率为 55%，单种试剂改良土的自由膨胀率试验结果如表 4.1 所示。由表 4.1 可见，经木钠、氯化钙、硫酸铝、环氧树脂分别作用后的膨胀土，自由膨胀率没有明显降低，没有达到改良目的；经硅酸钾作用后的膨胀土，当硅酸钾掺量达到 2%时，自由膨胀率降低到 40%以下，因而单从自由膨胀率来考量改良效果的话，硅酸钾的作用效果较为理想。

表 4.1　单种试剂改良土的自由膨胀率试验结果

改良剂种类	不同掺量改良剂下的自由膨胀率/%					
	0.1%掺量	0.3%掺量	0.5%掺量	1%掺量	2%掺量	3%掺量
木钠	55	54	54	53	—	—
氯化钙	—	53	53	52	50	50
硫酸铝	—	54	53	52	53	49
环氧树脂	—	—	55	50	50	49
硅酸钾	—	—	47	42	37	32

注：表中"—"表示未获取相应测试结果。

根据表 4.1 可知，上述几种试剂单独作用时，改良效果并不理想，考虑到有几种试剂混合作用处理不良土的先例，将木钠、硫酸铝和氯化钙或 1831 和 KCl 按不同配比进行组合改良膨胀土，改良土的自由膨胀率试验结果如表 4.2、表 4.3 所示。

表 4.2　木钠、硫酸铝和氯化钙复合试剂改良土的自由膨胀率试验结果

改良剂种类与掺量/%			自由膨胀率/%
木钠掺量	硫酸铝掺量	氯化钙掺量	
0.3	3	—	46
0.3	—	3	50
0.3	3	3	40
0.5	3	—	45
0.5	—	3	48
0.5	3	3	42
0.5	3	6	41
0.5	6	3	47

注：表中"—"表示在改良过程中未掺入相应试剂。

表4.3　改良土的自由膨胀率试验结果

改良剂种类与掺量/%		自由膨胀率/%
1831 掺量	KCl 掺量	
—	6	47
1.0	—	41
1.5	—	36
0.5	1	40
0.5	2	33
0.5	4	31
0.5	6	30
0.5	8	27
0.3	2	34
0.3	3	31
0.3	6	25

注：表中"—"表示在改良过程中未掺入相应试剂。

　　根据表 4.2 显示，木钠等的复合试剂改良土自由膨胀率降低不明显，均保持在 40%或以上，不能满足工程要求。

　　表 4.3 显示，当 KCl 单独作用时，在其掺量较高（6%）的情况下，改良土的自由膨胀率仍保持在 40%以上；当 1831 单独作用时，只有当掺量达到 1.5%时，改良土的自由膨胀率才能够降至 40%以下，但是掺量较大时，工程造价过高，因而不予选择。

　　综上所述，木钠、硫酸铝、氯化钙及其混合物以及环氧树脂加入膨胀土后，膨胀土的自由膨胀率没有显著降低；1831+KCl 或硅酸钾的掺入，使膨胀土的自由膨胀率得到了明显的抑制。综合考量改良效果与经济性因素，本研究选择 0.3%1831+3%KCl、0.3%1831+6%KCl、0.5%1831+2%KCl 作为后续试验的配比组合。

4.1.3　改良剂性质

　　图 4.1 是阳离子表面活性剂结构示意图。表面活性剂是指具有固定的亲水亲油基团，在溶液的表面能定向排列，并使表面张力显著下降的物质。如图 4.1 所示，表面活性剂的基团具有两亲性，一端为亲水基团，另一端为憎水基团。阳离子表面活性剂为表面活性剂中的一个类别，其分子溶于水发生电离后，与憎水基相连的亲水基带正电荷。因此，除具有上述两亲性外，阳离子表面活性剂还表现出其他类型表面活性剂所不具有的一些特殊性质。前文提到，黏土颗粒在水中表

现出天然的负电性，因此，阳离子表面活性剂的亲水基可以与其产生强烈的吸附作用。黏土颗粒表面的亲水性由于吸附了活性剂而发生改变。当表面活性剂吸附于颗粒表面时，憎水性的一端朝向水中，使水在这种表面无法再铺展开来，颗粒表面的憎水性越来越强。

图 4.1　阳离子表面活性剂结构示意图

4.1.4　1831 协同 KCl 改良机理浅述

1. 1831 对膨胀土颗粒表面的改性作用

本章内容选用的改良剂十八烷基三甲基氯化铵是一种阳离子表面活性剂，具有上述两亲性。同时，由于其在水中电离后，亲水基一端带有正电荷，因而能够吸附于黏土颗粒表面，亲油基团朝向水中，从而使黏土颗粒由原来的亲水性转为憎水性，膨胀土与水的作用减弱。随着土体表面亲水性的减弱，水对膨胀土体的浸润损害也随之减弱，这是所采用的阳离子表面活性剂降低土体膨胀的原因之一。

另外，1831 是一种长链有机高分子，当其作用于土体后，相邻的黏土颗粒通过这种链桥相互搭接，使颗粒之间的连接更加紧密，颗粒之间的集聚程度增加，一方面，土体的强度因此得到提高，另一方面，黏土颗粒的比表面积减小，土颗粒与水的作用面积减小，土-水之间的作用被削弱，土体吸水膨胀也会因此受到一定程度的影响。

2. KCl 对晶层间距和双电层的影响

对于膨胀土而言，对其膨胀起到主要作用的黏土矿物是蒙脱石，在第 2 章中已做过全面的解释。由于同晶置换作用，蒙脱石硅四面体片和铝八面体片中高价的 Si^{4+}、Al^{3+} 被低价阳离子取代，使蒙脱石晶体呈现出天然的负电性，为了保持电中性，黏土颗粒必然要从周围环境中吸附阳离子来平衡多余的负电荷，这样，阳离子便进入晶层之间。在水溶液中，阳离子多是以水合离子的形式存在的，水合阳离子进入晶层之间，便形成了所谓的"双电层"。由于双电层的静电作用，水分子进入晶层之间，在晶层之间形成了一定厚度的结合水膜，使晶层间距增加。另外，晶层与晶层之间通过共用氧原子连接，这种"氧桥"连接力很弱，使水分子与其他阳离子进入到晶层之间变得尤为容易。除此之外，与其他一些黏土矿物相比，蒙脱石具有很大的比表面积，为 $700 \sim 800 m^2/g$，因此具有很大的阳离子交换量，如表 4.4 所示。鉴于上述原因，选择 KCl 作为改良剂组合中的另外一种试剂，利用钾离子的特殊性质，使蒙脱石的膨胀得到削弱。

表 4.4　几种黏土矿物的性质比较

性质	黏粒类型		
	蒙脱石	伊利石	高岭石
粒径大小/nm	0.01～1.0	0.1～2.9	0.1～5.0
形状	不规则片状	不规则片状	六方型晶体
比表面积/（m²/g）	700～800	100～120	5～20
外表面	大	中等	小
内表面	很大	中等	无
膨胀度	高	中等	低
阳离子交换量/（mol/g）	80～100	15～40	3～15

蒙脱石是膨胀土膨胀的决定性因素，对蒙脱石的水化膨胀进行研究发现，蒙脱石膨胀机制是由水分子的两种状态竞争决定的平衡状态所致。一种是水分子与硅氧四面体中的氧原子结合形成氢键，另一种是水分子进入晶体的六角网孔中与铝氢氧八面体中的—OH 形成氢键，当水分子的作用完全倾向于其中一种时，膨胀达到平衡。

钾离子的半径约为 0.133nm，与黏土晶体的六角网半径（约 0.13nm）相当，因此，当与黏土颗粒作用时，K^+ 可以嵌入六角网内并将其中的水分子"挤出"，阻止了水分子与铝氢氧八面体的结合，因而膨胀较快达到平衡，颗粒表面的吸着水膜也因此变薄；而且钾离子具有常见阳离子（Na^+、Ca^{2+}、Mg^{2+}等）中最低的水化能，因而一直被视为最佳水化膨胀抑制剂。另外，钾离子与原晶格中的氧环形成合适的配位，使层间连接力增强。这种连接力在钾基蒙脱石中也会存在，但是由于人为 K^+ 的掺入，K^+ 含量远大于钾基蒙脱石，因此单位面积上的层间连接力更强，水合阳离子及水分子不容易克服这种连接力进入层间从而使晶层间距增大，因此膨胀土的膨胀性得到抑制。

如图 4.2 所示，黏土颗粒间的作用力随着粒间距离的变化而发生改变，粒间的引力和斥力都随着距离的减小而增大，当颗粒间距离减小到一定程度时，两者的合力表现为引力，此时胶体颗粒间产生凝结。质点周围的离子主要是反离子，当反离子浓度发生改变时，双电层的厚薄也会随之改变。如果增加反离子浓度，由于同号离子的互斥作用，扩散层的厚度变薄，电势 ξ 降低。根据 STERN[87] 的研究结果，当向胶体中加入电解质时，若其中阳离子浓度比原反离子更大，或者化合价比原反离子更高时，这些阳离子就会和原来的反离子进行离子交换，胶体的电势ζ因此降低，吸附层变薄，颗粒间的作用表现为引力，胶体凝结并稳定。根据上述理论，向膨胀土中加入 1831+KCl 改良剂后，阳离子浓度增加，因而扩散层厚度变薄，当距离减小到一定程度时，粒间引力与斥力的合力表现为引力，颗粒之间的连接力增强，晶层或颗粒之间的间距扩展受到抑制。

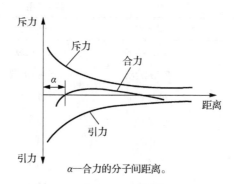

α—合力的分子间距离。

图 4.2　黏土颗粒间作用力示意图

4.2　1831 协同 KCl 改良配合比设计

根据 4.1.2 节内容可知，0.3%1831+3%KCl、0.3%1831+6%KCl、0.5%1831+2%KCl 配比组合下的改良剂可以有效降低膨胀土的自由膨胀率指标。为了进一步选出改良效果与经济效益双优的改良剂，本节内容将采用无荷载膨胀率指标对不同配比组合试剂作用下的改良效果进行分析。无荷载膨胀率试验用于测定试样在无荷载有侧限条件下，浸水后在高度方向上的单向膨胀与原高度之比，用百分率表示。实际工程中经常用无荷载膨胀率指标来表征压实膨胀土的膨胀特性，即无荷载膨胀率越大，则说明土的膨胀性越强，此指标也常常用于膨胀土的判别与分类中。

本研究参照 4.1.2 节中介绍的过程配置好试验所需的素土及改良土，随后将其制成ϕ6.18cm×2.0cm 的环刀试样，试样干密度为天然干密度 1.53g/cm^3，含水率为 20%。将成型后的试样放入潮砂中，分别养护 7d、14d 后取出进行无荷载膨胀率试验。试验结果如图 4.3～图 4.5 所示。

由图 4.3～图 4.5 可知，掺入 1831+KCl 的膨胀土，其膨胀性得到了有效抑制，改良剂掺量及养护龄期对改良效果有较大影响。其中 0.3%1831+3%KCl 改良土、0.3%1831+6%KCl 改良土以及 0.5%1831+2%KCl 改良土在养护 7d 后无荷载膨胀率分别为 2.28%、1.90%、2.62%，较素土无荷载膨胀率 12.9%分别降低了 82.3%、85.3%、79.7%；养护 14d 后无荷载膨胀率均降至 1%以下，分别为 0.59%、0.14%、0.51%。

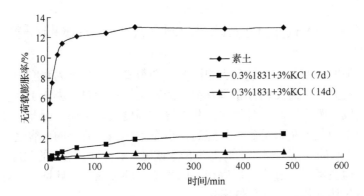

图 4.3　0.3%1831+3%KCl 改良土无荷载膨胀率随时间的变化情况

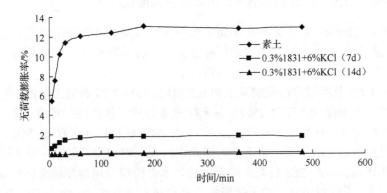

图 4.4　0.3%1831+6%KCl 改良土无荷载膨胀率随时间的变化情况

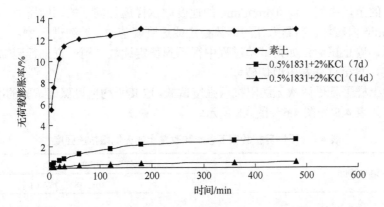

图 4.5　0.5%1831+2%KCl 改良土无荷载膨胀率随时间的变化情况

综上所述，考虑到改良作用及经济性因素，作者认为 0.3%1831+3%KCl 是一个较为实用且经济的配比组合，故选择其作为后续试验的掺量标准。

4.3　1831协同KCl改良膨胀土室内试验研究

膨胀土强度的变化与一般黏土相比要复杂得多，这是因为膨胀土具有多裂隙性，而且一般来说，裂隙的分布具有很大的随机性；同时，膨胀土主要由亲水性黏土矿物组成，吸水膨胀并且软化，从而导致强度大幅衰减。因此，经过改性处理后，膨胀土的强度是否得到有效提高，也是本文需要研究的内容之一。由于膨胀土的强度与水的关系密切，干燥状态下的膨胀土本身具有较高的强度，因此，本节所有试验均在试样经过饱和后进行，以模拟一种极端的水环境，探讨改良前后土体在极端条件下的强度变化情况。

4.3.1　1831协同KCl改良膨胀土无侧限抗压强度试验研究

无侧限抗压强度是指试件在侧面不受任何约束限制条件下所承受的最大单向压力。无侧限抗压强度试验是三轴压缩试验的一种特殊形式，即周围压力为零，在工程上应用非常广泛。具体试验步骤如下。

按照4.1.2节所述方法配制素土和0.3%1831+3% KCl改良土，控制初始含水率为20%（上下浮动不超过1%）。各土样配置好后，放在同一环境中密封24h，使水分分布均匀。计算出直径5cm、高5cm的圆柱试样（含水率20%，干密度1.53g/cm^3）所需土的质量，将土倒入模具中击实。将成型后的试样放入潮砂中养护，分别于7d、14d、28d后取出进行试验。本试验拟采用饱和试样进行试验，由于条件所限，无法对该尺寸的无侧限抗压试样进行抽气饱和，故而采取简化措施，将养护后的试样放在室温水中浸泡48h后取出进行试验。将饱和试样置于电子万能试验机的垫块中间，以0.4mm/min的速度向试样施加向下的轴向压力，使试样在7~15min内破坏。当测力计的读数稳定或达到峰值时，继续进行3%~5%的轴向应变后，停止试验；如果试验过程中得不到稳定读数，则一直进行到轴向应变达到20%，直至试样发生剪切破坏。

每种土样平行做两次无侧限抗压强度试验，取其平均值以保证试验的准确性。试验结果如表4.5和图4.6~图4.8所示。

表4.5　不同养护龄期下素土和改良土的无侧限抗压强度

养护时间/d	无侧限抗压强度/kPa	
	—	0.3%1831+3%KCl
0	—	—
7	—	32.92
14	—	47.73
28	—	50.28

注："—"代表崩解。

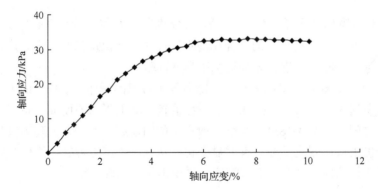

图 4.6　0.3%1831+3%KCl 改良土 7d 养护龄期下轴向应力与轴向应变关系曲线

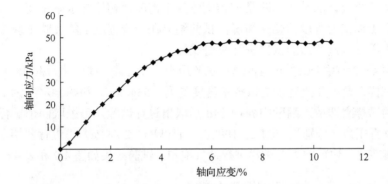

图 4.7　0.3%1831+3%KCl 改良土 14d 养护龄期下轴向应力与轴向应变关系曲线

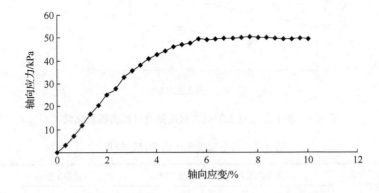

图 4.8　0.3%1831+3%KCl 改良土 28d 养护龄期下轴向应力与轴向应变关系曲线

　　在试验过程中，素土试样在泡水后的几分钟之内迅速崩解坍塌；未经养护的 0.3%1831+3%KCl 改良土试样在泡水开始的 1h 内有一定程度破坏，泡水达到 2h 时，试样基本破坏，不再具有强度；养护 7d 的 0.3%1831+3%KCl 改良土在泡水过程中土样基本保持完好，泡水 48h 后，土样完整，边缘有极少量起皮现象，未有断裂产生；养护 14d 及 28d 的试样在泡水过程中一直保持完好，无起皮、断裂现象。试样泡水 48h 后，进行无侧限抗压强度试验。

　　由表 4.5 及图 4.6～图 4.8 可见，随着养护龄期的增加，改良土的无侧限抗压强度均有所增大；然而，养护 28d 的强度值较 14d 的增加不明显。可见，在养护达到一定时间后，0.3%1831+3%KCl 改良土的耐崩解性增强，但随着龄期的继续增长，无侧限抗压强度不会再有明显变化。从某种程度上理解，无侧限抗压强度试验不仅表征土体的强度，更大程度上体现出黏土的水稳定性[88]。

4.3.2　1831 协同 KCl 改良膨胀土快剪试验研究

　　快剪试验设计的基本思路是控制土体的干密度及初始含水率不变，分别测定改良前后土体抗剪强度的变化情况，试验结果在一定程度上能反映土块及结构面特性。采用抽气饱和后的试样进行快剪试验。

　　按照 4.1.2 节中介绍的过程配试好试验用土，并将其制成尺寸为 ϕ6.18cm×2.0cm 的环刀试样，素土及改良土的试样干密度均为 1.53g/cm^3，初始含水率为 20%。将成型后的试样立即放入潮砂中养护 14d 后取出进行试验，每组取四个试样，在四种不同垂直压力（分别为 50kPa、100kPa、150kPa、200kPa）下进行剪切。试验采用四联直剪仪。快剪前先对试样进行抽气饱和。试验结果如图 4.9 和表 4.6 所示。

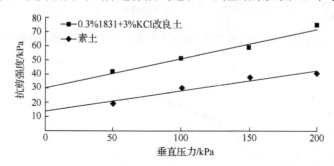

图 4.9　素土及改良土的抗剪强度随垂直压力的变化情况

表 4.6　素土和改良土快剪试验结果

土样种类	不同垂直压力下的抗剪强度 / kPa				抗剪强度指标		说明
	50kPa	100kPa	150kPa	200kPa	φ/（°）	c/kPa	
素土	19.1	29.6	37.6	40.7	8.3	13.5	饱和
0.3%1831+3%KCl 改良土	41.9	50.3	56.4	70.3	10.3	31.9	饱和

从图 4.9 及表 4.6 可以看出，与素土相比，改良土的抗剪强度指标均有所提高，

但是内摩擦角变化不大，仅有微小改变；改良土的黏聚力明显增大，达到素土的两倍以上。出现这种情况的原因如下。

影响黏土内摩擦角的因素很多，除了黏土颗粒之间相对移动引起的咬合摩擦力与滑动摩擦力，黏土颗粒表面的吸着水膜厚度和颗粒的比表面积对内摩擦角的影响也不容忽视。土体受到剪切时，颗粒之间发生的主要是面-面滑动，而经过改良剂作用后的膨胀土，其颗粒表面的结合水膜变薄，组成膨胀土的层状矿物颗粒仍然趋向于面-面的定向排列，因此其内摩擦力并没有出现明显的增大。

与内摩擦力不同的是，黏聚力与黏土颗粒之间的各种物理化学作用密切相关，这些作用主要有范德华力、库伦力、胶结作用等。苏联学者将黏聚力划分为原始黏聚力以及固化黏聚力。其中，原始黏聚力主要源于黏土颗粒之间的静电引力与范德华力，而固化黏聚力则由存在于颗粒之间的胶结物质的胶结作用所决定[89]。所以，经过改良剂作用后，一方面，颗粒之间的团聚程度增加，颗粒之间的连接更为紧密；另一方面，阳离子表面活性剂的加入使颗粒由亲水性变为憎水性，从而使吸着水膜变薄，颗粒之间的作用力表现为引力；此外，有机改良剂中的长链的作用也增强了颗粒之间的连接程度。这些因素的共同作用使土颗粒之间的固化黏聚力、原始黏聚力都得到有效的增长，而且土体密度变大，土体内部黏聚力明显增大。

4.3.3 1831 协同 KCl 改良膨胀土干湿循环试验研究

1. 干湿循环过程中改良膨胀土的无荷载膨胀率试验研究

膨胀土富含蒙脱石类强亲水性矿物，对水的作用尤为敏感，一方面，由于水的入侵在颗粒中起到润滑作用，一部分胶结物质被水溶解，导致土颗粒间黏结力减弱；另一方面，不断增厚的结合水膜导致土粒间距离增加，黏结力进一步削弱。膨胀土吸水膨胀，强度大幅衰减；失水收缩开裂，且随着干湿交替，强度逐渐降低，因此膨胀土的主要问题便是水稳定性问题，而改良膨胀土的目的主要就在于改良膨胀土的水稳定性。

将养护 14d 的 0.3%1831+3%KCl 改良土环刀试样进行干湿循环试验。循环过程为：将经过一次无荷载膨胀率试验后的试样取出，在室温条件下自然风干至制样的初始含水率 20%左右（通过称量试样质量判断），用游标卡尺测量风干后的试样高度，此为第一次循环，直至四次循环完成后结束试验。图 4.10 为素土和改良土绝对膨胀率随干湿循环次数变化关系曲线，图 4.11 为素土和改良土相对膨胀率随干湿循环次数变化关系曲线。

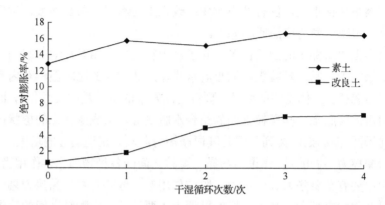

图 4.10　素土和改良土绝对膨胀率随干湿循环次数变化关系曲线

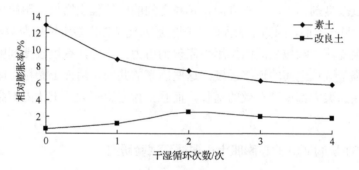

图 4.11　素土和改良土相对膨胀率随干湿循环次数变化关系曲线

由图 4.10 可知，随着干湿循环次数的增加，素土和改良土的绝对膨胀率都在增加，素土和改良土的初始绝对膨胀率分别为 12.9%和 0.59%，四次循环结束后，两种土的绝对膨胀趋于稳定，绝对膨胀率分别为 16.5%和 6.54%，改良土的绝对膨胀率仍远小于素土。由图 4.11 可以看出，素土的相对膨胀率随干湿循环次数的增加呈减小趋势，基本符合一般规律，而改良土的相对膨胀率则呈现出先增大后减小的趋势，但总体而言改良土的相对膨胀率仍远小于素土。其中改良土在第二次循环时相对膨胀率出现一个峰值，其后又逐渐减小并趋于稳定。

试验过程中还发现，随着干湿循环次数的增加，素土和改良土试样的高度均不断增加，每次风干至初始含水率时，试样高度也逐渐增大。素土试样在第一次泡水后，有明显膨胀，边缘出现一定程度的破损，随着干湿循环的进行，破损程度增加，试样表面出现逐渐扩展的裂缝，有些裂缝甚至贯穿试样。改良土试样第一次泡水后，试样保持完好，无明显膨胀，干湿循环结束时，个别试样表面有细微裂缝，试样基本完好。由此可见，改良剂的加入有效抑制了土体的吸水膨胀，且土体水稳定性得到有效提高。

2. 干湿循环过程中改良膨胀土的抗剪强度试验研究

膨胀土富含亲水性黏土矿物，遇水软化，强度大幅衰减；失水后土体收缩开裂，随着干湿循环的进行，裂隙不断发展，在土体中形成贯穿的网状裂隙，土体的完整性受到破坏，土体逐渐松散，丧失结构性，强度不断削弱。因此，要考察经改良剂作用后，土体的水稳定性是否得到有效提高，干湿循环过程中的强度变化也是需要考虑的问题。本文采用抗剪强度和无侧限抗压强度作为研究对象。

本文首先进行经历 0、2、4 次干湿循环后土样的直剪试验。将养护 14d 后的环刀试样装入抽气饱和装置，在水中浸泡 48h 后取出风干至初始含水率 20% 左右，此为一次干湿循环。试验前将试样抽气饱和，随后在四联直剪仪上进行剪切。试验结果如图 4.12、图 4.13 及表 4.7 所示。

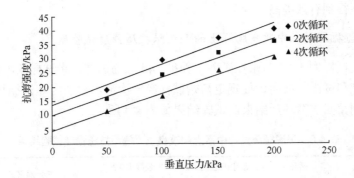

图 4.12　不同干湿循环次数下素土抗剪强度与垂直压力关系曲线

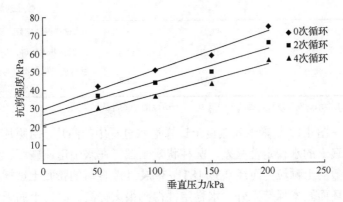

图 4.13　不同干湿循环次数下改良土抗剪强度与垂直压力关系曲线

表 4.7　干湿循环过程中抗剪强度试验结果

土样种类	不同垂直压力下的抗剪强度/kPa				抗剪强度指标		说明
	50kPa	100kPa	150kPa	200kPa	$\varphi/(°)$	c/kPa	
素土（0 次循环）	19.1	29.6	37.6	40.7	8.3	13.5	饱和
素土（2 次循环）	15.8	24.3	32.1	36.1	7.8	9.9	饱和
素土（4 次循环）	11.6	16.5	25.7	30.7	7.6	4.5	饱和
改良土（0 次循环）	41.9	50.3	58.6	74.4	12.0	29.8	饱和
改良土（2 次循环）	36.9	43.6	49.8	65.3	10.4	26.0	饱和
改良土（4 次循环）	30.4	36.4	43.2	56.1	9.5	20.6	饱和

从图 4.12、图 4.13 及表 4.7 可以看出，随着干湿循环次数的增加，素土及改良土的黏聚力均不断削弱，内摩擦角变化不大；改良土的黏聚力在干湿循环 4 次后仍然远大于素土的黏聚力。这表明，加入改良剂后，以抗剪强度为表征的土体的水稳定性得到有效提高。

3. 干湿循环过程中改良膨胀土的无侧限抗压强度试验研究

本试验试样为 4.3.1 节中在潮砂中养护 14d 后的试样，将试样取出进行试验，试验采用饱和试样，故而此处规定初始试样经一次泡水后视为 0 次循环。依此类推，进行到第四次循环后结束。试验结果如表 4.8 所示。

表 4.8　干湿循环过程中素土和改良土无侧限抗压强度试验结果

土样种类	循环次数	无侧限抗压强度/kPa	强度损失/%	反复泡水后状况
素土	0	—	—	试样第一次泡水 10min 内发生崩解
	—	—	—	
0.3%1831+3%KCl 改良膨胀土	0	47.73	—	试样保持完好，无起皮现象
	2	41.24	13.6	试样基本完好，边缘少量起皮
	4	37.33	21.8	试样表面出现少量裂纹、边缘起皮，但整体完好

注：由于素土泡水后发生崩解，因此表中以"—"表示无法获得相应结果。

图 4.14～图 4.17 是素土和改良土试样泡水过程中的照片，由照片可以比较清晰地看出，素土的水稳定性极差，圆柱状素土试样在水中迅速破坏、崩塌，在水中崩解为松散的土颗粒；而经 0.3%1831+3%KCl 改良后的膨胀土试样，能够承受多次干湿循环而基本保持完好，水稳定性得到很大提高。改良土的无侧限抗压强度试验结果表明，随着干湿循环次数的增加，试样的强度有所削弱，但较素土在饱和状态下完全丧失强度的情况又有较大改善。

图 4.14　素土泡水后崩解照片

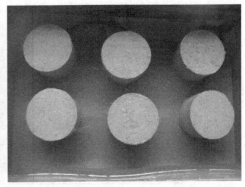

图 4.15　改良土 0 次循环时泡水 48h 照片

图 4.16　改良土第二次循环时泡水 48h 照片

图 4.17　改良土第四次循环时泡水 48h 照片

4.4　1831 协同 KCl 改良膨胀土吸着水含量测定

通常情况下，素土中的水被分为孔隙水和矿物水，其中孔隙水又被分为自由水和结合水。矿物水是成土矿物中的化学结合水，以 H^+ 和 OH^- 的形式存在于土颗粒矿物晶格结构中，在性质上与固体相似，可视为固相的一部分。结合水是物理吸附水，以水分子的形式吸附于土颗粒表面，受土颗粒表面电荷静电力场的吸引。结合水的存在，使土具有塑性、黏性，影响土的固结、压缩性和强度，并且使土的透水性减弱[90]。结合水之外的水为自由水，包括毛细水和重力水。毛细水受到大于重力的土粒表面静电引力而向上牵引，呈悬挂状态；重力水只受重力影响，不受土粒表面吸引力的作用，能够传递孔隙水应力，可以通过机械方法，如蒸发、烘干、夯实等从土中除去。

由于黏土颗粒表面所带有的负电性，在土粒电场范围内，水和水溶液中的阳离子在静电引力作用下，被牢牢吸附在土颗粒周围，形成结合水膜。黏土颗粒的比表面积大，能大量吸附结合水。根据 Lebedev[91]的研究成果，结合水与自由水的区分用土水结合势能 PF 值 3.8 作为分界点，如图 4.18 所示。

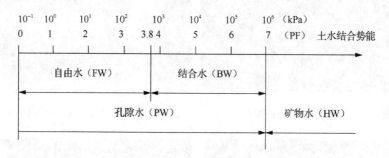

图 4.18　土中的水分分类和对应势能

为了研究改良前后土体中结合水量是否发生变化，采用离心机法对素土和改良土中的结合水量进行测定。试验方法如下。

1. 试验原理

试验时，利用高速旋转产生的离心力将低势能的水分离，测得不同转速下试样中保有的水量，再求出转速与分离势能的关系，得到势能与水量的关系。

2. 试验仪器

① 离心机：试验采用日立 CR21 高速冷冻离心机，最高转速为 11000r/min；
② 转子：试验选用 60 号转子，可测定土壤水分；
③ 旋杯、承水杯；
④ 环刀：内径 4.99cm，高 5.09cm，一端带有刃口；
⑤ 其他：滤纸、烘箱、天平（精度 0.001g）等。

3. 试验步骤

① 称量与离心机配套的环刀质量 m_0。
② 试验采用无侧限抗压强度试验后破坏的土样。往环刀［图 4.19（a）］内装填 100～120g 素土或改良土，压实表面，每个种类的土样装两个试样。由于水分蒸发可能会引起一定的误差，因此装填要迅速，装填完成后要立即盖好环刀盖。
③ 称量环刀和土样的总质量 m_1。
④ 土样装入环刀后，在环刀底面（带刃口面）贴上滤纸，放入旋杯［图 4.19（b）］，盖紧杯盖。在旋杯放进离心机之前要先将 4 个旋杯质量配平。根据需要在承水杯

中放入不同质量的配重片或注入一定质量的水，使各旋杯之间的质量差小于 0.2g。将旋杯放入离心机转子里，盖上转子盖。

⑤ 设定离心机转子型号、转速、温度、旋转时间等参数。温度设定为 20℃。

土样 PF 值的计算公式如下。

$$PF = 2\log n + \log(r_0 - r_1) + \log[(r_0 + r_1)/2] - 4.95 \qquad (4.2)$$

式中，n 为离心机转速（r/min）；r_0 为旋杯底即试样底部到离心机转盘中心距离（cm）；r_1 为试样中心到离心机转盘中心距离（cm），$r_1 = r_0 - (5.09 - h)/2$；h 为试样表面到旋杯口的距离（cm）。

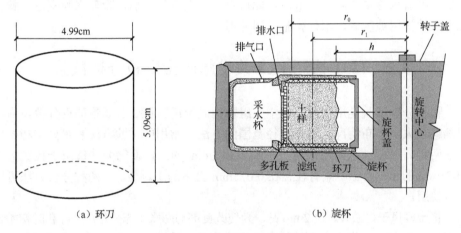

图 4.19　环刀和旋杯尺寸示意图

试验过程中，随着试样中低势能水的甩出，土面下陷，h 的值会随之发生变化，因而式（4.2）中的 PF 值并不是固定不变的。选取 PF 值接近 3.8 的两个值（分别大于及小于 3.8），根据式（4.2）算出对应的离心机转速，分别在这两个转速下进行试验。根据试算，选取 5000r/min 和 7000r/min 两个转速，开动仪器，每个转速下分别运行 3h。每 3h 结束后，取出环刀，测量土面下陷深度，得到此时对应的 PF 值，同时称量此时试样的质量。离心机试验结束后，称得试样质量，然后将试样在 120℃下烘干，算得两次质量差值，即可得到相应 PF 值下的含水率，根据插值法，得到 PF=3.8 时试样的含水率，此即试样中的吸着水含量。

4.　试验结果及分析

试验采用无侧限抗压强度试验后破坏的素土试样及 0.3%1831+3%KCl 改良土样，改良土样分别养护 14d、28d，试验结果见表 4.9。

表 4.9　素土和不同养护龄期下改良土的吸着水含量测定结果

土样种类	转速 5000r/min			转速 7000r/min			吸着水含量/%
	Δh/cm	PF	含水率/%	Δh/cm	PF	含水率/%	
素土	0.396	3.75	21.39	0.633	4.03	18.14	20.81
改良土（14d）	0.754	3.72	17.13	0.916	4.00	14.30	16.32
改良土（28d）	0.583	3.74	14.92	0.787	4.01	12.00	14.27

表 4.9 中的试验结果显示，改良后，土中吸着水含量降低；随着养护时间的增长，吸着水含量也随之降低。由此可见，改良剂加入后，吸着水膜变薄，膨胀土与水的作用被削弱，水化膨胀受到抑制。

4.5　1831 协同 KCl 改良膨胀土颗粒分析试验

颗粒分析试验是用于测定土中各组颗粒质量所占该土总质量的百分数，借以明确颗粒大小分布情况，确定粒径范围的方法。常用的试验方法有筛分法和密度计法两种。密度计法适用于粒径小于 0.075mm 的土，而筛分法适用于粒径大于 0.075mm 的土。当土中兼有粒径在 0.075mm 上下的土颗粒时，两种分析方法可以联合使用。

将土样风干，敲碎，过 2mm 筛，为使改良剂与膨胀土充分作用，拌和时初始含水率设定为 25%。将素土和拌好的改良土在袋中密封 24h 后，制成直径 6.18cm、高 2cm 的圆柱状试样，将试样在潮砂中养护 7d 后取出试验。本试验采用乙种密度计。素土和 0.3%1831+3%KCl 改良土颗粒分析试验结果如图 4.20 和图 4.21 所示。

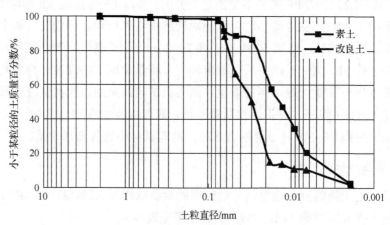

图 4.20　素土和改良土的粒径分布曲线

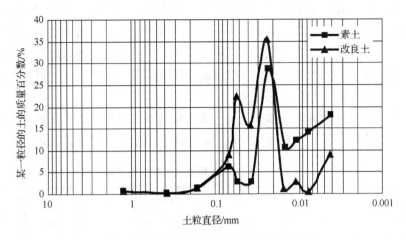

图 4.21　素土和改良土的粒组频率曲线

从图 4.20 和图 4.21 可以看出，经 0.3%1831+3%KCl 处理过的膨胀土，绝大部分粒径仍在 0.075mm 以下，素土试样和改良土试样的粒径分布曲线和粒组频率曲线在大于 0.075mm 的区间段基本重合。但是，在 0.075mm 以下的粒径范围内，经改良剂处理后的土样颗粒的团聚程度增加。在 0.004~0.02mm 粒径范围内，素土的粒组频率曲线位于改良土上方，其数值远大于改良土；在 0.02~0.075mm 粒径范围内，改良土的粒组频率曲线位于素土上方，与粒径分布曲线上显示的结果一致。由两组曲线可以看出，无机电解质 KCl 与阳离子表面活性剂 1831 对于膨胀土颗粒的水化膨胀均有一定的抑制作用，K^+ 可以嵌入黏土晶体的六角网内，将其中的水分子挤出，使得晶层之间的范德华力被连接力更强的钾键取代，双电层被压缩变薄，聚沉作用使颗粒聚集；1831 是一种长链高分子，当其作用于土体后，相邻的黏土颗粒通过链桥相互搭接，使颗粒的集聚程度增加，这也是出现上述试验结果的一个重要原因。

4.6　其他地区膨胀土改良试验研究

前文中对于 1831+KCl 改良剂改良效果的探讨，主要以南京市高淳区膨胀土作为研究对象，试验结果表明，改良剂在改善该地区膨胀土各项物理力学特性方面收到了良好的效果。然而，鉴于研究对象的单一性，前文的工作未免存在一定的局限性。关于膨胀土的改良，前人也研究开发出一些液体改良剂，通过喷洒在素土表面来改良土体性质。不可否认，由于各地区膨胀土的矿物组成、结构和构造、土层埋藏深度、厚度以及分布范围等不同，使膨胀土的性态各异，故而对于有些地区的膨胀土，这些改良剂效果并不理想。实践证明，没有一种改良剂是万能的，仅仅通过一个地区、一种土质膨胀土的改性研究结果便断定某种改良剂的有效性及实用性，显然缺乏足够的说服力。鉴于上述原因，本文拟在前阶段成果的基础上，观察其他一些地区膨胀土经 1831+KCl 作用前后性质的变化，以期为该改良剂的实际应用提供更为充足的依据。

除高淳区胥河大桥南岸膨胀土外，另选取马汊河分洪道扩大工程项目段膨胀土以及河南新乡膨胀土作为研究对象。各土样的基本物理性质见表 4.10。

表 4.10　不同地区膨胀土基本物理性质

取样地区	干密度/（g/cm³）	天然含水率 ω/%	自由膨胀率 δ_{ef}/%
高淳	1.53	20.2	55
马汊河	1.56	20.7	52
新乡	1.58	21.2	50

本研究将以自由膨胀率以及无荷载膨胀率作为评判标准，判断 1831+KCl 改良剂针对不同地区的膨胀土是否能达到比较理想的改良效果。

4.6.1　自由膨胀率试验研究

参考前文的试验结果，选择 0.3%1831+3%KCl、0.5%1831+2%KCl 作为自由膨胀率试验的配比组合。试验结果如表 4.11 所示。

表 4.11　不同地区膨胀土改良前后自由膨胀率对比

取样地区	改良剂掺量/%		自由膨胀率/%	
	1831	KCl	改良土	素土
高淳	0.3	3	31	55
	0.5	2	33	
马汊河	0.3	3	23	52
	0.5	2	28	
新乡	0.3	3	27	50
	0.5	2	23	

试验结果显示，经 1831+KCl 改良剂作用后的三种膨胀土，在两种配比组合下，自由膨胀率都降到40%以下，且远远小于40%，改良效果显著。结合上述试验结果，依然选择 0.3%1831+3%KCl 的配比组合，进行素土和改良土的无荷载膨胀率试验。

4.6.2　无荷载膨胀率试验研究

参考 4.6.1 节中自由膨胀率试验的结果，选择 0.3%1831+3%KCl 作为无荷载膨胀率试验的配比组合。按照 4.2 节中的过程配制好试验所需的素土和改良土并制样。制样时，含水率和干密度参照各地区膨胀土的天然含水率和干密度。制样完成后，将试样在潮砂中养护 14d 后取出进行无荷载膨胀率试验。试验结果如图 4.22 和图 4.23 所示。

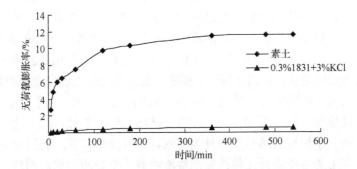

图 4.22　马汉河膨胀土改良前后无荷载膨胀率随时间的变化情况

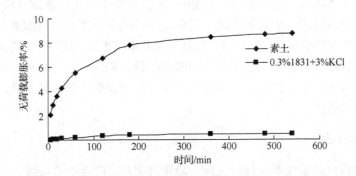

图 4.23　新乡膨胀土改良前后无荷载膨胀率随时间的变化情况

由图 4.22 和图 4.23 可以看出，马汉河、新乡两地所取膨胀土在掺入改良剂并养护 14d 后，无荷载膨胀率降低非常明显。马汉河膨胀土由原来的 11.62% 降至 0.57%，新乡膨胀土由 8.72% 降至 0.48%。综合考虑自由膨胀率和无荷载膨胀率试验结果可知，从高淳、马汉河以及新乡三个地区所取膨胀土，尽管成因、各矿物成分含量、物理力学性质等存在一定的差别，但用 1831+KCl 改良剂作用后，其膨胀性都得到了有效的抑制。由于条件限制，所取土样数量以及地域涵盖范围受到限制，这是本文所做工作的一个不足之处。但是，仍然可以认为，1831+KCl 改良剂在合适的配比下，对于多个地区的弱到中等膨胀土具有良好的改良效果。

4.7　膨胀土边坡改良模拟试验研究

4.7.1　膨胀土边坡渗透改良机理

湿胀干缩是膨胀土的典型性特征。膨胀土在大气营力（温度、降雨、蒸发等）作用下反复胀缩，由此而产生的应力导致原生裂隙扩展，同时促使新裂隙产生，最终形成交错分布的复杂裂隙网络。裂隙的存在使土体原本的完整性受到破坏，土体强度降低，从而造成膨胀土地区边坡发生滑坡、溜塌等病害。另外，裂隙的存在为水的入渗和蒸发提供了良好的通道，这又进一步加剧了裂隙的扩展和连通。裂隙的存在，对土体的工程性质有重大的影响。在其他条件相同的情况下，含裂隙的膨胀土压缩性更大，渗透性更强，强度更低，对实际工程安全性的影响更大。

膨胀土在无裂隙的情况下渗透性较小，暴露在大气中时，由于湿胀干缩作用，很快产生大量裂隙。如果不加以处理，将会破坏土体完整性，对土体的工程性质产生不利影响。在边坡表层喷洒改良剂溶液以达到改良效果，利用的正是这一特点。利用膨胀土的多裂隙性，将改良剂溶液喷洒于干燥的边坡表面后，部分溶液被干燥的表层土壤吸收，表层饱和后，未被吸收的溶液能够较快地通过裂隙构成的通道渗入土体内部，被裂隙两侧土壤吸收，直至整个风化层被改良剂溶液浸湿。经过多次喷洒改良剂，就能够形成一定厚度的边坡表面改良层。如果这个改良层的厚度大于大气影响深度，那么该深度范围内土体的膨胀性便能得到有效抑制，水稳定性得到提高，边坡内部的水分也能够得到较好的保持，边坡稳定也能够得以维持。由此可知：渗透改良的原理在于，充分利用膨胀土的多裂隙性，将不利条件转变为有利条件。

4.7.2　模型介绍

前文的研究对象主要是松散土样，操作方法是将改良剂直接拌和在土中，虽然具有良好的处理效果，但对于改良剂原位作用于天然边坡不具有充分的说服力。因此，本节内容主要是通过大型模型试验来研究改良剂通过渗透作用改良膨胀土边坡的效果，从而对改良剂用于天然边坡改良的可行性进行探讨。

王保田等[62]关于大型模型改良试验做过相关研究：制作土柱模型（圆柱状或长方体状），在其表面喷洒配置好的改良剂溶液，然后自不同深度处取土，测定不同深度处改良土的强度及变形，观察改良剂在膨胀土中的渗透情况以及不同深度处的改良效果。试验结果表明，CTMAB（石灰水）改良剂和PVA（聚乙烯醇）+ K_2CO_3 改良剂的作用都可以达到土层较深部位，但随着深度增加，改良效果不断削弱。

　　上述模型在研究改良剂的渗透作用深度方面取得了明显的成效，试验结果具有一定的参考价值，然而，模型与大气接触面小，土体内部受大气影响程度也比较弱，土体与外界之间的水分交换等作用也受到很大的限制；此外，模型设计时，主要是为了单纯研究改良剂溶液的渗透深度及不同深度处的作用效果，并未考虑模型形状、坡比等因素，与实际边坡存在很大差异，因此，要观察土体-大气之间相互作用对于边坡形态的影响以及边坡中裂隙发育情况，该模型并不是合适的选择。

　　综合考虑，结合实际工程情况，本节拟采用膨胀土边坡模型进行原位改良研究。模型的外壳用 10mm 厚的有机玻璃制成，模型内部尺寸为 900mm×300mm×100mm，模型顶面开口。由于膨胀土遇水会产生较大的膨胀力，因此，为了防止模型槽在黏结处崩裂，采用一边各两道 5 号槽钢对模型槽中上部进行加固。另外，在模型槽底部设置排水孔，排水孔可任意关闭或打开，以便模拟不同条件的降雨情况，同时也可防止槽底积水过多。模型槽尺寸及边坡外观、尺寸如图 4.24 所示。

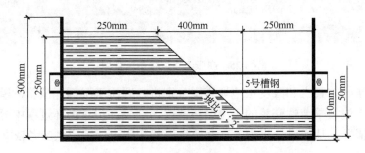

图 4.24　膨胀土边坡模型尺寸示意图

　　模型采用 1∶2 的坡比，压实度为 88%，则计算得其干密度为 $1.45g/cm^3$，边坡模型总体积为 $13500cm^3$。

　　素土边坡模型的制作过程为：将取回的土风干，大致估算一下制作模型所需土料的质量，取 25kg，敲碎过 5mm 筛，加水至含水率 25%左右，拌和均匀，密封 24h 后，测得实际含水率为 25.13%。制作边坡模型时，分五层填筑压实。每层填筑完成后，将表面刨毛，使各层之间有较好的黏结，保证模型的整体性。制作好的模型初始质量为 24.49kg。

　　制作改良土边坡模型时，各步骤参照素土模型的制作。模型填筑完成后，将模型在室内自然条件下风干至模型产生明显裂隙，此时模型的平均含水率为 17.4%。这样做的原因是，利用膨胀土的多裂隙性，为溶液渗透到土体内部提供良好的通道，克服无裂隙膨胀土渗透性较小，不利于溶液渗透的不足。图 4.25 为制作完成后的膨胀土边坡模型侧视图。

　　模型制作完成后，其中干土质量为 19575g，按 1831 掺量 0.3%、KCl 掺量 3%，计算得两种试剂所需质量分别为 58.72g、587.2g。设计喷洒完成后土体平均含水率为 25%，需加水 1488g。为了保证溶液能够很好地渗入模型内部，分三次喷洒改良剂溶液，分别在第 1 天、第 4 天、第 7 天进行。喷洒过程中，将模型槽上表面用塑料纸严密地包好，防止水分蒸发；喷洒完成后，将模型放在阴凉处，继续密封放置 7d，使改良剂与土壤充分作用。在第一次喷洒改良剂后第 15 天，除去表面密封，此时，溶液已充分渗透到土壤中，模型表面无积水，将模型表面刨平、压实，增加表面土体密实度，使改良效果得到巩固。将模型置于室内条件下自然风干，进行与素土模型相同过程的干湿循环。

图 4.25　膨胀土边坡模型侧视图

对制作好的素土和改良土边坡模型分别进行四次干湿循环试验，模拟自然条件下膨胀土边坡季节性交替的干湿循环情况，观察并记录循环过程中两个模型的裂隙发育情况，从而进一步为改良剂改良天然膨胀土边坡提供参考依据。

4.7.3　素土边坡模型干湿循环试验

干湿循环试验进行前，测得素土边坡的实际初始含水率为 25.13%。将制作好的素土边坡首先置于室内通风处，风干至含水率为 20.32%左右，此过程视为第一次风干结束；完成了第一次风干后，对素土边坡进行降雨模拟，使模型含水率达到 30%左右，上述步骤即视为一次完整的干湿循环过程。随后，按上述步骤对素土边坡继续进行三次干湿循环模拟，控制每次风干结束时土体平均含水率在 18%左右。风干过程均在室内环境下进行，采用自然风干方式。

1. 第一次干湿循环

边坡模型制作时，初始含水率设定为 25%左右，制作完成后，测得实际含水率为 25.13%。将模型置于室内通风处自然风干。随着水分的散失，边坡上表面出现明显的裂缝。随着含水率的不断降低，裂缝的数量、宽度也不断增加。风干至第 5 天时，边坡上表面出现了三条主裂缝，分别位于坡脚、坡面以及坡顶平台处。这种沿纵向贯穿整个模型的裂隙，我们称其为"主裂隙"。坡脚处裂缝与边坡走向大致呈垂直状态，裂缝宽 7mm，在深度方向，裂缝贯穿坡脚；坡面中间的裂缝宽约 5mm，侧面量得其深度约为 50mm；坡顶处的裂隙宽度为 3mm，侧面量得其开裂深度约为 30mm。从侧面观察裂缝发育情况，发现侧面裂隙发育有明显的转折，裂缝水平方向发育长度约为 40mm。除三条主裂隙外，在坡面位置还有一条宽约 1mm 的裂隙，裂隙开展深度较小，从侧面无法观察其发展情况。素土边坡模型第一次风干过程中裂隙图如图 4.26 所示。

图 4.26　素土边坡模型第一次风干过程中裂隙图

　　素土边坡模型风干一周后，模型的含水率由 25.13%降低至 20.32%，结束第一次风干过程。此时，量得坡脚处的裂缝宽度为 10mm，坡面中间位置的一条主要裂缝宽度达到了 11mm，坡顶平台处的裂缝宽度为 5mm。之前坡面位置出现的宽约 1mm 的细小裂隙依然未能贯穿坡面走向，裂隙宽度也没有明显变化。素土边坡模型第一次风干结束后裂隙细节图如图 4.27 所示。

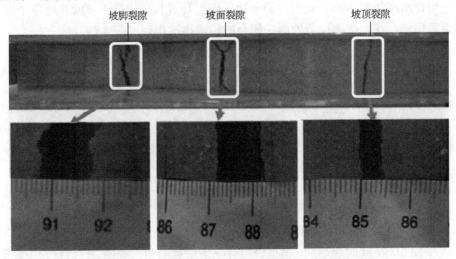

图 4.27　素土边坡模型第一次风干结束后裂隙细节图

　　裂缝观察、测量结束后，进行第一次模拟降雨，按照试验的设定，模型后三次干湿循环过程中含水率的上、下限分别为 30%和 18%。经计算，第一次模拟降雨量为 1895g。新制备好的模型表面比较平整，而且模型的压实度较高，经历一次干湿循环后除产生了几条主要裂缝外，模型整体渗透性依然较差，因此，上面计算的降雨量无法在一个完整的模拟降雨周期内被土体完全吸收，所以，降雨分两次进行，每次降雨过程持续约 1h，尽量使水被土体充分吸收。模拟降雨结束后观察到，模型坡脚位置处的裂隙完全闭合，而且，由于土体的吸水膨胀，此处出现了隆起现象；坡面中间和坡顶平台处的裂隙没有完全闭合（图 4.28），并且在边坡模型的第二次干湿循环过程中一直存在。

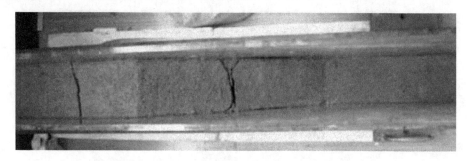

图 4.28　素土边坡模型第一次模拟降雨结束后俯视图

2. 第二次干湿循环

模型第二次风干过程中，随着含水率不断降低，在边坡模型表面又出现了两条新的裂隙，这两条裂隙均分布在坡面上。称得此时的水分蒸发量为 775g，模型的平均含水率降到 26%。此外，第一次干湿循环过程中出现于坡面和坡顶平台上的裂隙仍然存在，坡脚位置处原先闭合的裂隙再次出现（图 4.29）。

图 4.29　素土边坡模型第二次风干过程中裂隙图

当模型的水分蒸发量达到 2230g 时，结束本次风干过程，此时土体的平均含水率为 18.61%。此时观察到，模型表面有三条明显的宽大裂隙，我们称为主裂隙，这三条裂隙均产生于第一次风干过程。坡脚处的裂隙宽约 6mm，坡面中间的主裂隙宽为 11mm，坡顶平台处的裂隙宽为 10mm（图 4.30）；新产生的两条裂隙也沿模型宽度方向贯穿，但是裂隙宽度较小，分别为 2mm 和 1mm。从模型侧面观察裂隙竖向开展情况可以发现，坡面观察到的三条裂隙均向模型深处发展，其中主裂隙的开展深度最大，达到 60mm 左右；坡脚处的裂隙顺着坡脚深度方向贯穿；坡顶平台处的裂缝沿大致垂直于坡面的方向开展，开展深度约为 50mm。

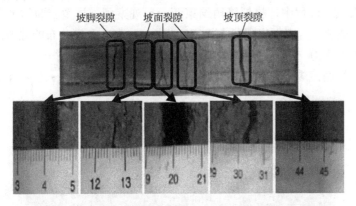

图 4.30　素土边坡模型第二次风干结束后裂隙分布细节图

裂隙观察结束后进行第二次模拟降雨。本次模拟降雨采用全程大水流，降雨过程中未能被土体吸收的水从模型槽底部的排水孔排出，以此模拟降雨的真实性，降雨结束且待自由水完全排出后称量模型总质量，据此计算出模型此时的平均含水率为 26.82%。模拟降雨结束后观察到，模型表面原有的裂隙完全闭合，但是坡面中间出现了一条明显的冲蚀沟（图 4.31），边坡模型表面土体松散，许多细小颗粒被水流带走。此时，坡面的完整性受到很大程度的破坏。在多次雨水的冲刷作用下，这种作用必将不断深化，从而使土体结构性被破坏，土体趋于松散，渗透性增强，土中水的散失速度也更快，边坡对大气环境的抵抗能力被削弱，这无疑为膨胀土边坡的长期稳定埋下了安全隐患。

图 4.31　素土边坡模型第二次模拟降雨结束后的冲蚀沟

3. 第三次干湿循环

第三次风干过程中，模拟降雨结束两天后观察到，模型表面的平整度受到严重的破坏。坡顶平台表面出现了大量宽度为 2mm 左右杂乱分布的裂隙；在水流的冲刷下，坡面上有一条十分明显的冲蚀沟，坡面浅层土体变得十分松散；在雨水冲刷作用下坡面流失的松散土颗粒汇集于坡脚位置（图 4.32～图 4.34）。

图 4.32　坡顶裂隙分布

图 4.33　坡面冲蚀沟

图 4.34　坡脚照片

模型中的水分散失量达到 2241g 即含水率降低至 18.31%时，结束本次风干过程。由图 4.35 可见，模型表面杂乱分布着大量的交错裂隙，坡脚、坡面和坡顶平台处的主裂隙宽度达到 4mm 左右；大量宽度小于 2mm 的裂隙遍布模型表面。坡顶平台处裂隙最多，裂隙的宽度变化从坡顶至坡脚呈现出逐渐变小的趋势。从模型的侧面观察裂隙竖向发展情况发现，表面出现的宽大裂隙（宽度达到 2mm 以上）均朝竖向发展，其开展深度都在 70mm 以上，而且，表面裂缝宽度越大，其竖向开展深度越深。

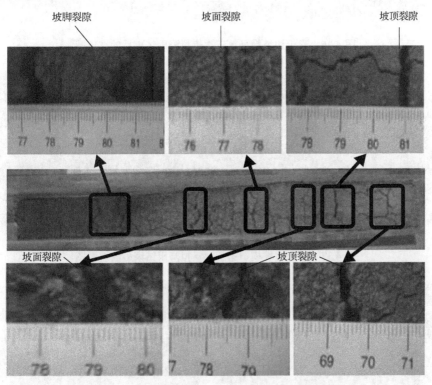

图 4.35　素土边坡模型第三次风干结束后裂隙细节图

对模型进行整体性观察完成后，进入最后一次模拟降雨阶段。在经历了前几次的干湿循环过程后，土体结构出现了明显的破坏，土体中裂隙大量发育，土体趋于松散，模型的渗透性得到了很大程度的提高，因此，本次模拟降雨在一个完整的周期内完成，降雨历时约为 1h。模拟降雨结束后观察到，由于土体的吸水膨胀以及受水流冲刷的松散土颗粒的覆盖，模型表面大部分裂隙完全闭合，但是坡顶、坡面和两者交接处存在几处没有完全闭合的裂隙，裂隙宽度有所减小，都在 1mm 以下（图 4.36~图 4.38）。模拟降雨结束后，称量并计算得模型的平均含水率为 29.81%。

图4.36　素土边坡模型第三次模拟降雨结束后的坡顶图

图4.37　素土边坡模型第三次模拟降雨结束后的坡面图

图4.38　素土边坡模型第三次模拟降雨结束后的坡脚图

4. 第四次干湿循环

当模型的含水率降至18%时，第四次风干过程结束。根据图4.39可以看出，模型经历了四次干湿循环后，边坡表面出现了大量贯穿以及交错的裂隙。其中，宽度达到5mm以上的裂隙有8条。在模型的坡面和坡顶平台处，裂隙相互交错，它们的宽度大多在 3mm 左右，这些裂隙的出现使模型对于大气影响的抵抗能力大幅度降低。由于模型采用分层击实的方法填筑，因此，为了方便描述，认为模型中存在 5 个土层。为了更加清楚地观察裂隙的竖向发展情况，将模型槽外的加固槽钢拆除，此时，可以清楚地观察到，模型侧面分布着大量的竖向开展裂隙。这些裂隙当中，很多是由边坡模型上表面的裂隙竖向开展发育而来的。一般上表面观察到的裂隙开展宽度越大，其竖向发育程度越深。由坡顶平台处的两条主裂隙发育而来的竖向裂隙，其开展深度分别达到了 100mm 和 150mm，到达模型的第二层、第三层土层。另外，坡顶与坡面交接处有一条斜向发育的裂隙，该裂隙开展至第二层土层，随后沿着土层连接面水平方向开展一段距离后继续竖向开展。模型坡面中间位置处的土体裂隙最大宽度达到了 3mm，同时其竖向开展深度也达到了 150mm 以上。由于该裂隙经过土体的分层位置，因而沿分层处水平方向发展，水平裂隙长约 200mm，随后，该条裂隙继续竖向开展，致使该处呈现出一条水平裂隙和多条竖向裂隙交错贯通的现象。

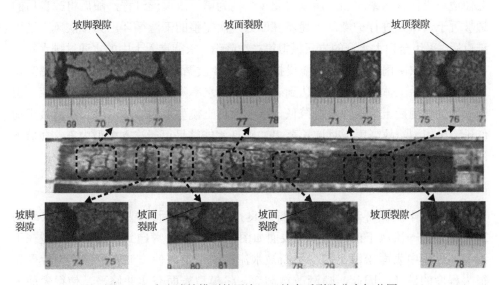

图 4.39　素土边坡模型第四次风干结束后裂隙分布细节图

至此，膨胀土边坡模型的第四次干湿循环试验结束。综观整个试验过程可以发现，干湿循环对于膨胀土边坡的稳定具有极大的削弱作用。在降雨、蒸发等大气营力的反复作用下，膨胀土反复胀缩，边坡中的裂隙不断产生、发展，最终形成错综复杂的裂隙网络，土体的结构受到破坏，强度降低，边坡抵抗大气作用的能力不断被削弱，对实际工程具有很大的危害性。试验中发现，边坡的分层填筑对于层间裂隙的发展也有很大的影响，因此，实际工程中分层填筑边坡时，一定要做好层间的连接工作。另外，防止边坡表层松散土壤不断流失，做好排水工作，对于防止边坡的破坏失稳也有重要的意义，这一点在下文中改良土边坡模型的试验中将予以考虑。

4.7.4 改良土边坡模型干湿循环试验

根据 4.7.3 节的制作过程将素土边坡制好备用。按照 0.3%1831+3%KCl 的配比方式配制改良剂，并将配制好的改良剂均匀地喷洒于素土边坡表面。喷洒结束后，改良土边坡模型用塑料薄膜进行密封后置于通风干燥的环境下养护 15d。养护结束后，将边坡表面的密封塑料薄膜移除，随后对改良膨胀土边坡模型进行干湿循环试验，观察循环过程中裂隙产生及发育情况并与素土边坡模型进行对比，对改良剂作用后的膨胀土边坡抵抗雨水冲刷能力进行研究。

改良土边坡模型的干湿循环过程与素膨胀土边坡模型大致相同，共进行四次干湿循环。但这里需要特别指出的是，在对素土边坡进行改良时，改良剂的渗入会使边坡土体含水率增加，所以将此步骤视为第一次增湿过程，随后将改良后的边坡置于通风处进行干燥，上述步骤即为一次完整的干湿循环。第一次风干过程结束后，采用全程大水流的方式模拟第二次降雨，未能渗入土中的水通过排水孔排出；其余两次降雨过程采用喷壶模拟。第 2～4 次循环控制含水率在 18%～30%，即每次降雨后土体平均含水率达到 30%，待含水率降至 18% 时视为风干结束。由于改良剂作用后土体的渗透性降低，水在改良土模型中的渗透速度和渗透效果均低于素土模型，故降雨历时增长至 2h，保证水能够尽可能渗入模型内部。最后无法被土体完全吸收的水通过排水孔排出。

1. 第一次干湿循环

第一次干湿循环进行前，测得改良剂喷洒完成后模型实际初始含水率为 24.87%。第一次风干前边坡模型表面如图 4.40 所示。考虑到素土边坡模型在干湿循环过程中表面松散土颗粒不断被水流冲刷带走，使边坡表面的完整性受到很大程度的破坏，因此，喷洒改良剂后，将模型表面夯实并修平，使得表面平整。这样做的原因是，减少模型表面松散土颗粒的数量，防止在干湿循环过程中经过雨水多次冲刷的积累，表面浮土越来越多，改良层的厚度被削弱；同时，增强表面土体的密实程度，可以使改良剂与土的作用更加充分，改良效果得到巩固。

改良剂喷洒完成后第 15 天，除去模型表面覆盖的塑料薄膜，将模型置于室温下自然风干。风干至第 3 天时，坡顶平台及坡面靠近平台处有白色絮状物产生（图 4.41），分析应为浮于最表层未能与土颗粒结合的 1831 和 KCl 的混合物或是两者的反应产物。为防止这层絮状物影响对于模型表面裂缝的观察，将其轻轻除去，尽量不要影响模型表面可能已经存在的裂隙。

图 4.40　改良土边坡模型第一次风干前俯视图

图 4.41　改良土边坡模型表面析出白色絮状物

除去表面白色析出物后观察到，尽管水分不断散失，但模型表面仍未见到明显的裂隙，一个原因可能是模型表面经过夯实，渗透性降低，水分的散失慢于素土模型，因而未能很快有裂隙产生；另一个很重要的原因是，改良剂的作用使得土体的性质得到了有效改善，土体失水收缩开裂的现象得到了较好的控制。

试验过程中发现，在室温基本保持在相近水平的情况下，改良土边坡模型的风干速度明显比素土模型慢，这与土体渗透性的变化和裂隙发展情况的改变有着明显的关联。风干进行到第 10 天时，模型的失水量达到 992g，模型平均含水率为 19.8%，第一次风干过程结束。

此时，坡脚处产生一条比较清晰的裂隙，裂隙在中部发生弯折，呈折线状走势，但裂缝未能纵向贯穿模型（图 4.42），从模型侧面观察，裂隙并未竖向延伸发展至土体内部；除坡脚外，坡顶平台和坡面处尚未有明显裂隙产生，模型侧面也没有向下延伸的明显裂隙。

图 4.42　改良土边坡模型第一次风干结束后表面裂隙

2. 第二次干湿循环

对改良土边坡模型观察结束后进行第二次模拟降水。由于第一次风干结束后模型并未有明显的裂缝产生，且改良后土体的渗透性降低，因此水在模型中的渗透效果显然不如经历一次干湿循环后的素土模型。因此对改良土边坡模型进行三次模拟降雨过程，使模型的平均含水率尽量接近 30%。按最后称得的质量计算出模型的平均含水率为 29.47%。

在降雨模拟接近结束时，作者观察到，风干过程中产生于坡脚处的裂隙很快闭合不见，且改良土边坡模型表面未见素土模型降雨过程中出现的明显冲蚀沟。

在第二次风干过程中，第一次风干后坡脚位置处的裂隙再次出现，但其宽度小于第一次风干后该位置处的裂隙。除此之外，坡面靠近坡脚位置出现两条裂隙，两条裂隙呈一定的角度分布，均未沿模型宽度贯穿。坡顶平台处尚未有裂隙产生。

风干至含水率为 18.3% 时，结束第二次风干过程，此时坡面与坡脚交接处又出现一条新的裂隙，该裂隙发展长度约为模型宽的 2/3，裂隙宽度小于风干过程中观察到的两条主裂缝，如图 4.43（a）所示。

用游标卡尺量得，坡脚处裂隙平均宽度约为 0.9mm，为便于描述，我们称其为裂隙 1。裂隙 1 沿模型宽度方向贯穿，中间一段开裂宽度和深度最大，越接近边缘，裂隙越趋于闭合状态，在模型侧面未能观察到该裂隙竖向发展。坡面靠近坡脚位置处的两条交叉裂隙，其中一条比较明显，我们认为其是本次风干结束后出现的两条主裂隙之一，称其为裂隙 2。由图 4.43（b）可以看到，裂隙 2 的发展长度约为模型宽的 3/4，且只在中间一段较明显，宽度约为 0.8mm，趋向两边的裂隙宽度变小，呈折线状发展；与裂隙 2 交叉的一条裂隙从模型边缘处折向裂隙 2，在与裂隙 2 交接后即不再继续延伸，该条裂隙在边缘处较明显，至与裂隙 2 交接处已接近闭合，图 4.43（c）中无法清楚地观察到该条裂隙。从模型侧面观察，没有明显竖向裂隙产生。

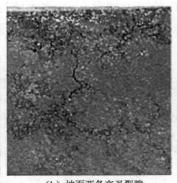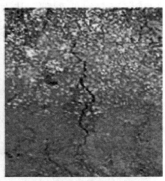

（a）坡面、坡脚交接处裂隙　　　　（b）坡面两条交叉裂隙　　　　　（c）坡脚处裂隙

图 4.43　改良土边坡模型第二次风干结束后裂隙发展细节图

和素土边坡模型第二次风干后的裂隙分布相比，不难发现，无论从裂隙数量还是裂隙发展宽度和深度上看，改良土边坡模型表面的裂隙分布情况都明显优于素土边坡模型，可见，改良土边坡模型的裂隙发展得到了有效的控制。

3. 第三次干湿循环

第二次裂隙观察测量结束后，进行第三次模拟降雨。与素土边坡模型的模拟降雨过程相对应，本次模拟采用全程大水流。降雨过程中，通过排水孔排出表面尚未被吸收的水，以此模拟降水的真实性。称量排除表面积水后的质量控制最终含水率，最后计算得改良土边坡模型的实际含水率为 29.63%。

模拟降雨过程中发现，在水流的冲刷作用下，模型表面一些散落的土颗粒被冲到坡脚位置，松散地堆积在坡脚处。另外，带有颗粒的水流流经处，裂隙闭合不见。模型表面由于一部分土粒的流失而出现一些大小不一的土坑，模型表面平整度受到一定程度的破坏（图 4.44）。但是，本次降雨后没有如素土边坡模型中的明显冲蚀沟出现。之所以有土粒在水流冲刷下流失，可能与模型制作初期表面未能完全夯实有关，一些土颗粒松散地堆积在模型表面，因而容易出现上述情况。可见，改良剂喷洒完成后坡面的夯实工作也很重要，否则，在雨水冲刷下，表层土流失会越来越严重，坡面的完整性被破坏，改良剂的作用也会不断被削弱，改良效果大幅降低。

模拟降雨后第 3 天，坡顶平台处出现一条微小裂隙，裂隙从模型边缘向中间发展，长约 2.2cm。此时，坡面及坡脚处还未有裂隙出现。降雨结束后第 5 天观察到，坡顶平台原先出现的一条裂隙已沿模型宽度方向贯穿坡顶表面，除此之外，坡顶位置还出现了另外两条裂隙，其宽度小于第一条裂隙，其中一条裂隙的长度约为坡宽的 1/2，裂隙开展宽度很小，且尚未有竖向发展的趋势，另一条裂隙产生于模型边缘，沿模型槽壁开展，裂隙长度约为 150mm；另外，在模型的坡面位置出现了两条微小裂隙，其中一条横穿坡面，另一条裂隙长度约为坡宽的 1/2，两条裂隙开展宽度很小，且尚未有竖向发展的趋势；坡脚位置有一条贯穿的裂隙，裂隙宽度约为 1mm。

图 4.44　改良土边坡模型第三次模拟降雨后俯视图

模型的平均含水率降到 18.2%时，结束第三次风干过程。此时，坡顶平台及坡面的裂隙与第 5 天时相比未有明显变化，如图 4.45（a）、（b）所示，但坡顶平台处沿模型槽壁发展的水平裂隙长度增加，达到 185mm，裂隙宽度也有所增加，即模型与槽壁之间的间距增大，这种现象的出现与土体的失水收缩密切相关；坡脚处的裂隙宽度明显增大，呈现为一条宽且深的明显裂缝，裂缝宽度为 2mm［图 4.45（c）］，从侧面观察到，该条裂隙竖向发展，开裂深度约为 30mm。

　　（a）坡顶　　　　　　　　　（b）坡面　　　　　　　　　（c）坡脚

图 4.45　改良土边坡模型第三次风干结束后裂隙开展图

4. 第四次干湿循环

裂隙观察结束后，进入最后一次模拟降雨过程。本次降雨在两个降雨周期内完成，总历时约 2h。降雨结束后，通过对整个模型表面进行观察可以发现，原先存在于表面的微小裂隙均闭合不见，坡顶处沿模型槽内壁发展的水平裂缝也已消失 [图 4.46（a）]，而坡脚处的裂缝依然存在，裂缝宽度也未见明显减小 [图 4.46（b）]。此时模型的平均含水率为 29.72%。

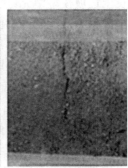

（a）模型表面　　　　　　　　　　　　（b）坡脚裂隙

图 4.46　改良土边坡模型第四次模拟降雨后俯视图

当含水率降低至 18.21% 时，第四次风干过程结束。此时观察到，模型表面有两条明显的裂缝，分别位于坡脚和坡面位置，如图 4.47（a）所示。坡脚处裂缝最开始出现于第三次风干过程中，并且在之后的模拟降雨过程结束后没有闭合消失，沿模型宽度方向贯穿，裂缝平均宽度约为 2mm，如图 4.47（b）所示，测得其平均竖向开裂深度为 25mm 左右；另外一条裂缝位于坡面上与坡顶交接位置，裂缝在坡面上的开展长度约为坡宽的 3/4，裂缝平均宽度为 1.1mm，如图 4.47（c）所示，测得其竖向开裂深度约为 10mm。

（a）模型表面

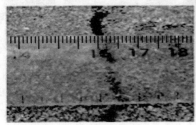

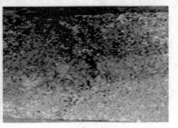

（b）坡脚裂隙　　　　　　　　　　　（c）坡面裂隙

图 4.47　改良土边坡模型第四次风干结束后裂隙发展细节图

5. 试验结果分析

由素土边坡模型和改良土边坡模型干湿循环过程中裂隙的发展情况来看，改良土边坡模型中无论裂隙的数量还是其宽度和深度，均小于素土边坡模型，而且，在模拟大水流的冲刷作用下，改良土边坡模型受冲蚀的程度要小于素土边坡模型。

图 4.48～图 4.52 所示为膨胀土边坡模型改良前后的模拟边坡在风干后或是降雨后的对比照片。通过对比可以发现，素土模拟边坡在第一次风干后即出现两条宽大裂缝，而改良后的模拟边坡则没有明显的大裂缝产生；经过几次干湿循环后，素土模拟边坡表面出现了许多杂乱交错的裂缝，而且裂缝竖向发展，边坡的整体性受到很大程度的破坏，改良后的模拟边坡只在坡脚处出现一条宽 2mm、深约 20mm 的裂缝，边坡表面其余位置没有明显的大裂缝出现，这与边坡填筑时人为原因导致的坡脚处土体较为松散有一定的关联；经过大水流冲刷后的素土模拟边坡，其坡面中间出现了一条明显的水冲沟，许多土颗粒被水流带至坡脚处堆积下来，而改良土模拟边坡表面虽然也出现一些大小不一的土坑，但坡面的完整性远好于素土模拟边坡。

 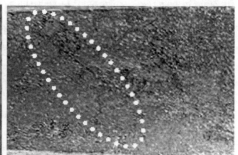

（a）改良前　　　　　　　　　　（b）改良后

图 4.48　膨胀土边坡模型改良前后裂隙发展对比图（第一次风干）

   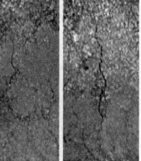

（a）改良前　　　　　　　　　　（b）改良后

图 4.49　膨胀土边坡模型改良前后裂隙发展对比图（第二次风干）

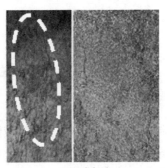

（a）改良前　　　　　　　　　　　（b）改良后

图 4.50　膨胀土边坡模型改良前后裂隙发展对比图（第三次风干）

图 4.51　素土边坡模型（降雨后表面冲蚀沟）　图 4.52　改良土边坡模型（降雨后表面土坑）

　　综合比较前文中素土和改良土模拟边坡干湿循环试验结果可见，在改良剂的渗透改良作用下，边坡抵抗雨水破坏的能力增强，裂隙的发展受到了较好的控制，边坡整体性增强，强度和稳定性得到提高。但是，试验过程中观察到，虽然改良土边坡模型的抗冲蚀能力增强，但是由于其表面一定数量松散土颗粒的存在，模型表面的平整性仍受到一定程度的破坏，因此，如果将改良剂运用到实际边坡工程中，需要将边坡表面夯实修平，增加土体密实度，减少表层土的孔隙率，这样可以减少雨水的入渗通道，使改良效果得到巩固。另外可以考虑在边坡表面种植植被，防止表层土壤流失影响改良效果。

第 5 章   化学沉淀法改良膨胀土研究

针对公路施工中常遇到高液限土或膨胀土等特殊土的不良情况，一般采用换填土或对膨胀土路段填料进行改良等处理方法。目前，膨胀土的改良主要包括力学加固、物理加固以及化学加固等方法。力学及物理加固没有从根本上改变膨胀土的性质，且需要的人力物力较大；化学改良因具有较高的性价比而受到人们的广泛重视。传统的化学改良加固方法有石灰改良法和水泥改良法等。根据长期的工程实践经验，这些方法虽然可以得到较好的改良效果，但会对土体产生较大的扰动，且施工工序复杂，成本较高，对环境影响较大。因此，寻找性价比高、施工工艺简单且不污染环境的改良剂成为广大学者研究的目标。

本章内容在总结已有改良方法的基础上，提出了将 $CaCl_2$ 溶液与 Na_2CO_3 溶液先后掺入到土体中反应生成 $CaCO_3$ 沉淀对膨胀土进行改良，并对改良前后土体的物理力学性质、水稳特性及微观结构等进行了试验研究，探讨了化学沉淀法对膨胀土的改良效果。除此之外，本文还通过大型模型试验探究了化学沉淀法的原位改良效果，并尝试对改良机理进行探讨分析。

5.1   试 验 材 料

5.1.1   试验用土

试验用土取自南京市高淳区，取土深度为 2～3m，土样呈硬塑状态。试验土样的基本性质见表 5.1。土体自由膨胀率为 56.0%，根据《公路路基施工技术规范》（JTG/T 3610—2019）[12]规定的膨胀土判别标准，试验用土为弱膨胀土。

表 5.1   试验土样的基本性质

基本性质指标	自由膨胀率/%	相对密度	最优含水率/%	最大干密度/（g/cm³）	液限/%	塑限/%	塑性指数	黏聚力/kPa	内摩擦角/（°）	无荷载膨胀率/%
测试结果	56.0	2.74	22.3	1.55	51.6	23.2	28.4	18.9	11.9	9.3

5.1.2　改良材料

本文所采用的改良材料为纯度为 97.99%的无水氯化钙（$CaCl_2$）颗粒和纯度为 99.99%的无水碳酸钙（Na_2CO_3）粉末。

Na_2CO_3 是一种无机物，无气味，有吸湿性，又名苏打。它是一种常用的无机化工原料，还广泛地应用于许多家庭生活用品中，如一些清洁和消毒产品。Na_2CO_3 溶液只有在浓度非常高的情况下才会具有潜在危害，所以本试验选低浓度 Na_2CO_3 进行改良，以减少对环境的污染和伤害[92]。

$CaCl_2$ 是一种无毒无气味的无机物，它被广泛引入天然地层中，用于原位修复污染的土壤以及地下水[93]。在一些含可溶性碳酸盐的天然地层中，$CaCl_2$ 溶液的引入可以和地层中的碳酸钙反应生产沉淀物，大量的重金属离子会与碳酸钙沉淀物发生共同沉淀反应，共同沉淀物不溶于地层中的流动液体，包括地下水。对于一些不含可溶性碳酸盐的天然地层，除了引入 $CaCl_2$ 溶液，还需要向地层中通入 CO_2 气体，通过一系列的化学反应生成 CO_3^{2-}，最终达到共同沉淀作用对土壤及地下水进行原位修复。

通过上述分析可知，本文所选的改良材料除了对膨胀土进行改良之外，还可以减少土壤和地下水中的有害重金属含量，在环境的保护方面也有着重要的作用。

5.2　化学沉淀法改良膨胀土室内试验研究

5.2.1　改良材料配合比设计

将 $CaCl_2$ 溶液与 Na_2CO_3 溶液先后掺入土体中反应生成 $CaCO_3$ 沉淀对膨胀土进行改良，化学反应方程式如式（5.1）所示。

$$CaCl_2 + Na_2CO_3 \longrightarrow CaCO_3\downarrow + 2NaCl \qquad (5.1)$$

根据式（5.1）可知，理论上 1mol $CaCl_2$（110g）与 1mol Na_2CO_3（106g）反应可以生成 1mol（100g）的 $CaCO_3$ 沉淀，即 $CaCl_2$ 与 Na_2CO_3 完全反应时的摩尔质量之比为 1.038（110：106）。

Thyagaraj[94]等发现化学试剂的掺入顺序对土体改良效果有着重要的影响，因此本文设计了两种溶液掺入顺序，即：顺序 1，先掺入 $CaCl_2$ 溶液再掺入 Na_2CO_3 溶液；顺序 2，先掺入 Na_2CO_3 溶液再掺入 $CaCl_2$ 溶液。

除此之外，$CaCl_2$ 单独作为膨胀土改良剂也被很多学者进行过研究，研究结果表明，单独使用 $CaCl_2$ 可有效降低膨胀土的膨胀势，但力学性能不能得以大幅提高。因此，为了探索使用过量 $CaCl_2$ 对膨胀土改良效果的影响，在上述 2 种不同溶液顺序的基础上，本文分别又设计了两种溶液配比方案，即：顺序 1A 和顺序 2A，将两种溶液完全反应，即通过生成不同质量的 $CaCO_3$ 沉淀对膨胀土改良效果进行评价；顺序 1B 以及顺序 2B，掺入过量的 $CaCl_2$ 溶液，在保证 $CaCO_3$ 沉淀质量相同的情况下，通过掺入不同浓度的 $CaCl_2$ 溶液对土体改良效果进行评价。

5.2.2　化学沉淀法改良膨胀土自由膨胀率试验研究

膨胀土最本质的特点是胀缩变形，因此，削弱其膨胀潜势，消除其胀缩能力，最大限度地减少胀缩变形带来的工程灾害是膨胀土改良的首要任务。自由膨胀率是反映土体膨胀特性最直接的度量指标[95-96]，在膨胀土工程中常用于土体胀缩等级的判别与分类。因此，本文首先通过自由膨胀率指标对改良效果进行评价。

具体试验方法为：将取回的土样风干后碾碎过 0.5mm 筛，将筛过的土均匀拌和。根据前文可知，试验土样的最优含水率为 22.3%，因此在顺序 1 中，首先向 100g 筛后膨胀土中加入 11.2mL 的 $CaCl_2$ 溶液，用玻璃棒顺时针搅拌，搅拌均匀后放入密封袋中静置 1h，让其水分均匀；随后向养护 1h 的土样中继续加入 11.2mL 的 Na_2CO_3 溶液，用玻璃棒进行顺时针搅拌，搅拌均匀后放入密封容器中养护 24h，然后取出进行自由膨胀率试验。在顺序 2 中，只是将两种溶液的掺入顺序改变，即向土中先掺入 Na_2CO_3 溶液再掺入 $CaCl_2$ 溶液，其掺入溶液的浓度及操作方法同顺序 1。膨胀土在不同溶液掺入顺序、不同浓度组合溶液中的自由膨胀率试验结果如表 5.2 所示。

表 5.2　膨胀土在不同溶液掺入顺序、不同浓度组合溶液中的自由膨胀率试验结果

试验编号		配比方案	自由膨胀率/%	按干土质量计算的沉淀百分比/%
素土			56	
顺序 1：$CaCl_2+Na_2CO_3$	顺序 1A（完全反应）	11.0% $CaCl_2$ 10.6% Na_2CO_3	45	1.12
		22.0% $CaCl_2$ 21.2% Na_2CO_3	38	2.23
		27.5% $CaCl_2$ 26.5% Na_2CO_3	30	2.79
	顺序 1B（$CaCl_2$ 过量）	27.5% $CaCl_2$ 21.2% Na_2CO_3	27	2.23
		33.0% $CaCl_2$ 21.2% Na_2CO_3	24	2.23
顺序 2：$Na_2CO_3+CaCl_2$	顺序 2A（完全反应）	10.6% Na_2CO_3 11.0% $CaCl_2$	48	1.12
		21.2% Na_2CO_3 22.0% $CaCl_2$	40	2.23
		26.5% Na_2CO_3 27.5% $CaCl_2$	35	2.79
	顺序 2B（$CaCl_2$ 过量）	21.2% Na_2CO_3 27.5% $CaCl_2$	32	2.23
		21.2% Na_2CO_3 33.0% $CaCl_2$	30	2.23

表 5.2 给出了具体的试验溶液配比方案以及相对应的试验结果。此外，表 5.2

还给出了不同配比溶液生成的 $CaCO_3$ 沉淀所占干土质量的百分比，具体计算方法举例说明如下。如表 5.2 中 11.2 mL 11.0%浓度的 $CaCl_2$ 溶液与 11.2mL 10.6%浓度的 Na_2CO_3 溶液反应，可计算其对应的沉淀质量为

$$11.12 \times 11\% \times 100 \div 110 = 1.12(g)$$

计算沉淀占干土质量百分比为

$$1.12 \div 100 \times 100\% = 1.12\%$$

通过表 5.2 可以看出，两种溶液完全反应时，改良膨胀土的自由膨胀率随着 $CaCO_3$ 沉淀量的增加而大幅减小，根据《膨胀土地区建筑技术规范》（GB 50112—2013）提出的"当自由膨胀率≥40%时，土样判别为膨胀土"的标准可知，当 $CaCl_2$ 溶液浓度超过 22.0%且 Na_2CO_3 溶液浓度超过 21.2%时，自由膨胀率指标均降至 40%以下，说明土样已由膨胀土改性为非膨胀土。通过表 5.2 还可以看出，按顺序 1 改良的土体自由膨胀率的降低幅度比按顺序 2 大，这主要是因为先加入的 $CaCl_2$ 溶液对土体本身膨胀性具有抑制作用，后续会进行详细阐述。综上所述，为了减少试验量，本文后续内容选择的改良方案为 22.0% $CaCl_2$ 溶液配合 21.2% Na_2CO_3 溶液，27.5% $CaCl_2$ 溶液配合 26.5% Na_2CO_3 溶液，27.5% $CaCl_2$ 溶液配合 21.2% Na_2CO_3 溶液以及 33.0% $CaCl_2$ 溶液配合 21.2% Na_2CO_3 溶液四种溶液浓度方案，如表 5.3 所示。

表 5.3　化学沉淀法溶液配比方案

配比方案	方案描述
22.0% $CaCl_2$ 21.2% Na_2CO_3	顺序 1A
27.5% $CaCl_2$ 26.5% Na_2CO_3	（完全反应）
27.5% $CaCl_2$ 21.2% Na_2CO_3	顺序 1B
33.0% $CaCl_2$ 21.2% Na_2CO_3	（$CaCl_2$ 过量）

改良剂作用后膨胀土自由膨胀率降低的主要原因是，当向膨胀土中加入 $CaCl_2$ 与 Na_2CO_3 溶液时，阳离子浓度会随之增大，扩散层厚度变薄，当距离减小到一定程度时，颗粒间引力和斥力的合力表现为引力，土颗粒之间的连接力会增强，晶层或土颗粒之间的距离扩展受到抑制，从而导致膨胀土的自由膨胀率大幅降低。

5.2.3　化学沉淀法改良膨胀土无荷载膨胀率试验研究

前文自由膨胀率试验结果表明，向土中分别加入不同浓度组合的 $CaCl_2$ 溶液

和 Na_2CO_3 溶液后，膨胀土的膨胀性均得到了不同程度的降低，为了更好地探索改良剂对土体膨胀特性抑制的有效性，本节内容将采用无荷载膨胀率指标来对改良剂的改良效果进行评价。

无荷载膨胀率试验试样制备的具体过程如下。

首先按照表 5.3 选定的溶液配比方案配置 111.5mL 的 $CaCl_2$ 溶液，然后将配置好的 $CaCl_2$ 溶液均匀地倒入 1000g 烘干后的膨胀土中，用玻璃棒顺时针搅拌使溶液与土充分混合，放入密封袋中养护 1h，使其水分均匀。随后，再将配比方案中对应浓度的 111.5mL 的 Na_2CO_3 溶液按照同样的方法加入养护好的土样中，使用玻璃棒继续顺时针搅拌，待搅拌均匀后放入密封袋中继续养护 24h。24h 后将养护好的膨胀土取出，制成 $\phi6.18cm\times2.0cm$ 的环刀试样，制样干密度为最大干密度 $1.55g/cm^3$，含水率为 22.3%。成型后的试样放入潮砂中分别养护 1d、7d 以及 28d 后取出进行无荷载膨胀率试验。

试验结果如表 5.4 和图 5.1 所示。

表 5.4　无荷载膨胀率试验结果

试验编号	配比方案及养护天数	无荷载膨胀率/%	按干土质量计算的沉淀百分比/%
素土		9.3	
顺序 1A（完全反应）	22.0% $CaCl_2$ 21.2% Na_2CO_3（1d）	1.5	2.23
	22.0% $CaCl_2$ 21.2% Na_2CO_3（7d）	1.1	2.23
	22.0% $CaCl_2$ 21.2% Na_2CO_3（28d）	0.9	2.23
	27.5% $CaCl_2$ 26.5% Na_2CO_3（1d）	1.2	2.79
	27.5% $CaCl_2$ 26.5% Na_2CO_3（7d）	0.7	2.79
	27.5% $CaCl_2$ 26.5% Na_2CO_3（28d）	0.5	2.79
顺序 1B（$CaCl_2$ 过量）	27.5% $CaCl_2$ 21.2% Na_2CO_3（1d）	1.0	2.23
	27.5% $CaCl_2$ 21.2% Na_2CO_3（7d）	0.8	2.23
	27.5% $CaCl_2$ 21.2% Na_2CO_3（28d）	0.6	2.23
	33.0% $CaCl_2$ 21.2% Na_2CO_3（1d）	1.6	2.23
	33.0% $CaCl_2$ 21.2% Na_2CO_3（7d）	1.3	2.23
	33.0% $CaCl_2$ 21.2% Na_2CO_3（28d）	1.1	2.23

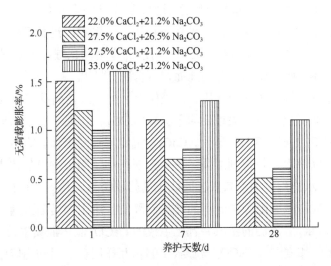

图 5.1　不同浓度溶液配比组合和不同养护时间下无荷载膨胀率的对比图

　　通过表 5.4 可以看出，改良后膨胀土的无荷载膨胀率指标大幅下降，无论使用哪种溶液配比方案，其无荷载膨胀率均降至 1.6% 以下，而对应的素土的无荷载膨胀率高达 9.3%，这说明改良剂对压实膨胀土的胀缩性具有非常明显的抑制作用。对比图 5.1 可知，无荷载膨胀率指标随着养护时间的增加而降低，而当生成的 $CaCO_3$ 沉淀量相同时（2.23%），无荷载膨胀率并没有因为 $CaCl_2$ 溶液浓度的增加而下降；另外，当 $CaCO_3$ 沉淀量增加时，无荷载膨胀率呈下降趋势，这说明了 $CaCO_3$ 沉淀对无荷载膨胀率的抑制作用要大于 $CaCl_2$ 溶液的作用，因此应该考虑两种方案各自的优点，综合选定最终的改良方案。

　　众所周知，膨胀土吸水膨胀的根本原因在于土颗粒和水的相互作用，土颗粒中的黏土矿物晶格扩张和土中结合水膜厚度的增加使土颗粒之间距离变大，从而会引起宏观上土体积的增大。根据前文中双电子层理论分析可知，在土颗粒的接触面上，由于晶格置换可以形成双电层，在双电层中的粒子对水分子具有一种吸附的能力，因此，在黏土矿物颗粒周围会形成吸附水膜，这种吸附水膜会使土体颗粒"楔"开，使土颗粒之间距离增大，从而导致土体产生膨胀[97]。

　　除双电层理论外，随着改良剂的加入，$CaCl_2$ 溶液还会离解出大量的二价钙离子，二价钙离子很容易置换出膨胀土颗粒所吸附的 K^+、Na^+ 等低价阳离子，且二价阳离子的结合水膜相比于低价阳离子的结合水膜要薄很多，因此，改良剂的加入可以有效减小土颗粒之间结合水膜的厚度，削弱土颗粒之间的斥力，使土颗粒进一步靠近。黏土颗粒通过相互接近而发生絮凝作用，形成了更致密的颗粒堆积和聚集体，因此土体的膨胀性得到了抑制[98-99]。除此之外，随着改良剂化学反应的进行，孔隙水中氯化钠含量也会随之增加。氯化钠的生成会产生大量的电解质，这些电解质沉淀对土体颗粒同样有着絮凝作用。土颗粒经过絮凝作用集合成更大的团聚体，导致总比表面积减小，土颗粒与水的作用面积减小，土-水之间的相互作用减弱，土体的吸水膨胀也会因此而得到抑制[100-102]。

除了上述讨论的离子交换作用、絮凝作用之外，改良剂反应生成的 $CaCO_3$ 沉淀对膨胀性的抑制也有着至关重要的影响。$CaCO_3$ 沉淀是一种非常坚固的固体颗粒，具有非常高的强度和水稳定性。$CaCO_3$ 沉淀本身对土体具有胶结作用，它的生成一方面可以使土颗粒得到加固，另一方面减小了黏土颗粒的比表面积，削弱了膨胀土的土-水作用，因而减弱了膨胀土的膨胀特性。从图 5.1 中可以看出，改良膨胀土无荷载膨胀率随养护时间的增加而降低，这主要是因为随着养护时间的增加，会有新 $CaCO_3$ 沉淀的生成并且已生成的 $CaCO_3$ 晶体继续生长，因此膨胀土会得到进一步的加固[103]。$CaCO_3$ 与膨胀土的相互作用在之后的内容中会做详细的分析与阐述，在此不再赘述。

5.2.4　化学沉淀法改良膨胀土无侧限抗压强度试验研究

前文无荷载膨胀率试验结果表明，化学沉淀法可以使膨胀土的膨胀性得到明显降低，除此之外，为了满足工程需要，还需要对改良土的强度特性进行研究。本节内容将采用无侧限抗压强度指标来对膨胀土的强度特性进行评价，其中无侧限抗压强度是指试件在没有侧向约束的情况下，抵抗轴向压力的极限强度。

无侧限抗压强度试验土样制备及养护过程同无荷载线膨胀率试验。24h 后将养护好的膨胀土取出，制成 $\phi3.91cm \times 9.0cm$ 的试样，制样干密度为最大干密度 $1.55g/cm^3$，含水率为 22.3%。成型后的试样放入潮砂中分别养护 1d、7d 以及 28d 后取出进行无侧限抗压强度试验。特别注意的是，为了保证制样的均匀性，试样在压实过程中分为 5 层进行压实，每压实一层土样后，用刮刀对土样表面进行刮毛，随后进行下一层土样的压实。本文中的无侧限抗压强度试验采用饱和试样。无侧限抗压强度试验结果如表 5.5 所示，图 5.2 为不同浓度溶液配比组合下无侧限抗压强度随养护时间的变化曲线。

表 5.5　无侧限抗压强度试验结果

试验编号	配比方案及养护天数	无侧限抗压强度/kPa	按干土质量计算的沉淀百分比/%
素土		137	

续表

试验编号	配比方案及养护天数	无侧限抗压强度/ kPa	按干土质量计算的沉淀 百分比/ %
顺序 1A （完全反应）	22.0% $CaCl_2$ 21.2% Na_2CO_3 (1d)	180	2.23
	22.0% $CaCl_2$ 21.2% Na_2CO_3 (7d)	237	2.23
	22.0% $CaCl_2$ 21.2% Na_2CO_3 (28d)	268	2.23
	27.5% $CaCl_2$ 26.5% Na_2CO_3 (1d)	270	2.79
	27.5% $CaCl_2$ 26.5% Na_2CO_3 (7d)	325	2.79
	27.5% $CaCl_2$ 26.5% Na_2CO_3 (28d)	370	2.79
顺序 1B （$CaCl_2$ 过量）	27.5% $CaCl_2$ 21.2% Na_2CO_3 (1d)	272	2.23
	27.5% $CaCl_2$ 21.2% Na_2CO_3 (7d)	389	2.23
	27.5% $CaCl_2$ 21.2% Na_2CO_3 (28d)	400	2.23
	33.0% $CaCl_2$ 21.2% Na_2CO_3 (1d)	196	2.23
	33.0% $CaCl_2$ 21.2% Na_2CO_3 (7d)	240	2.23
	33.0% $CaCl_2$ 21.2% Na_2CO_3 (28d)	248	2.23

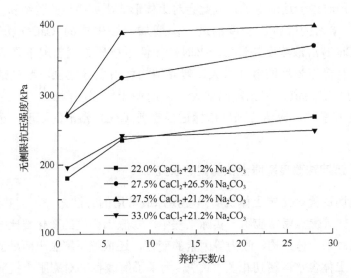

图 5.2　不同浓度溶液配比组合下无侧限抗压强度随养护时间的变化曲线

根据表 5.5 和图 5.2 可以看出，经改良剂作用后的膨胀土试样无侧限抗压强度都有不同程度的提高（素土无侧限抗压强度为 137kPa）。随着养护天数的增加，无侧限抗压强度呈增大趋势；当生成的 $CaCO_3$ 沉淀量相同时（2.23%），无侧限抗压强度随 $CaCl_2$ 溶液浓度的增加而变大，但值得注意的是，当 $CaCl_2$ 溶液浓度超过 27.5%时（33.0%），无侧限抗压强度随 $CaCl_2$ 溶液浓度的增大而减小；当 $CaCl_2$ 溶液浓度相同的时候，无侧限抗压强度随 $CaCO_3$ 沉淀量的增加而减小。

通过 5.2.3 节分析可知，$CaCl_2$ 溶液的加入会离解出大量的二价钙离子，二价钙离子很容易置换出膨胀土颗粒所吸附的低价 K^+、Na^+等低价阳离子，由于二价钙离子吸附水膜较薄，故能使膨胀土的分散性、崩塌性、亲水性降低，使膨胀土的塑性指数下降，形成稳定的强度。此外，孔隙水中盐浓度的增加也会促进絮凝作用的形成，颗粒之间可以形成更紧密的团聚体，导致膨胀土强度的进一步提升。

除了上述改良剂和土颗粒之间发生的絮凝作用以外，$CaCO_3$ 沉淀的生成是改良土强度提高的重要原因。随着改良剂的掺入，$CaCO_3$ 沉淀会逐渐形成，由于 $CaCO_3$ 晶体具有特殊的胶结作用，因此生成的 $CaCO_3$ 沉淀会吸附在黏土颗粒的表面，相当于在黏土颗粒之间形成了稳定而牢固的包结，这种包结作用会使黏土颗粒与颗粒之间形成牢固的聚集体，因此强度会得到大幅提升；除了胶结作用以外，$CaCO_3$ 沉淀具有非常高的强度且不溶于水，因此随着 $CaCO_3$ 沉淀的生成，土颗粒之间的空隙会被 $CaCO_3$ 沉淀填充，逐渐形成更加紧密的结构，从而导致膨胀土强度的进一步提升[104]。此外，随着养护时间的增加，新碳酸钙晶体会逐渐形成，旧碳酸钙晶体同时也会逐渐生长，因此会对土体形成更加明显的胶结和空隙填充作用，导致土体无侧限抗压强度的进一步增加。当生成的 $CaCO_3$ 沉淀量相同（2.23%），$CaCl_2$ 溶液浓度超过 27.5%时，无侧限抗压强度出现下降的主要原因是随着 $CaCl_2$ 溶液浓度的继续增大，絮凝结构将占主导地位，絮凝结构之间会产生较多的孔隙通道，使孔隙比增大，从而使土体强度降低[105]。因此，在后续选定改良方案时，应结合强度指标适当控制 $CaCl_2$ 溶液的浓度，选择最佳溶液配合比。

5.2.5　化学沉淀法改良膨胀土快剪试验研究

直接剪切试验是测定土体抗剪强度指标最常用的方法之一，因其设备简单，土样制备方便等优点常常应用于实际工程中。膨胀土强度的变化要比一般黏土复杂，不仅取决于土体结构、吸力等因素的变化，还依赖于膨胀土所处的状态，其强度特性与土体含水率密切相关[106-108]。为了了解改良剂对膨胀土抗剪强度的影响，本节内容将对改良后土体的抗剪强度指标进行评价。

快剪试验试样制备及养护过程同无荷载膨胀率试验，将成型后的试样放入潮砂中分别养护 1d、7d 以及 28d 后取出进行快剪试验。快剪试验采用抽气饱和试样，试验过程中取垂直压力分别为 50kPa、100kPa、150kPa 和 200kPa，剪切速度为 0.8mm/min。试验结果如表 5.6、图 5.3 和图 5.4 所示。

表5.6　快剪试验结果

试验编号	配比方案及养护天数	黏聚力/ kPa	内摩擦角/ (°)	按干土质量计算的 沉淀百分比/ %
素土		18.9	11.9	
顺序 1A （完全反应）	22.0% CaCl₂ 21.2% Na₂CO₃ (1d)	20.2	12.1	2.23
	22.0% CaCl₂ 21.2% Na₂CO₃ (7d)	26.8	13.7	2.23
	22.0% CaCl₂ 21.2% Na₂CO₃ (28d)	30.6	13.9	2.23
	27.5% CaCl₂ 26.5% Na₂CO₃ (1d)	30.5	13.8	2.79
	27.5% CaCl₂ 26.5% Na₂CO₃ (7d)	32.0	14.5	2.79
	27.5% CaCl₂ 26.5% Na₂CO₃ (28d)	34.6	14.3	2.79
顺序 1B （CaCl₂ 过量）	27.5% CaCl₂ 21.2% Na₂CO₃ (1d)	35.5	13.3	2.23
	27.5% CaCl₂ 21.2% Na₂CO₃ (7d)	37.4	14.7	2.23
	27.5% CaCl₂ 21.2% Na₂CO₃ (28d)	42.2	14.9	2.23
	33.0% CaCl₂ 21.2% Na₂CO₃ (1d)	22.3	12.8	2.23
	33.0% CaCl₂ 21.2% Na₂CO₃ (7d)	32.0	15.1	2.23
	33.0% CaCl₂ 21.2% Na₂CO₃ (28d)	32.8	15.3	2.23

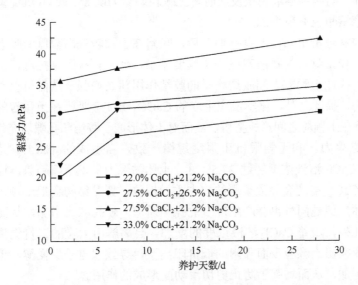

图 5.3　不同浓度溶液配比组合下黏聚力随养护时间的变化曲线

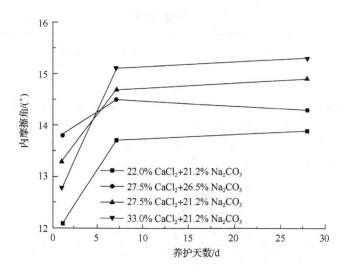

图 5.4　不同浓度溶液配比组合下内摩擦角随养护时间的变化曲线

由表 5.6 可以看出，随着养护时间的增加，改良剂作用后的膨胀土黏聚力明显增大，内摩擦角也有所增加。当生成 $CaCO_3$ 沉淀量相同时（2.23%），改良膨胀土颗粒黏聚力会随着 $CaCl_2$ 溶液浓度的增加而增大，但是当 $CaCl_2$ 溶液浓度超过 27.5%时，黏聚力又随着 $CaCl_2$ 溶液浓度的增加而减小，此规律和无侧限抗压强度一致；同样，当两种溶液完全反应时，土颗粒黏聚力随着 $CaCO_3$ 沉淀量的增加而增加，内摩擦角也有所增加。

根据前文分析可知，改良剂加入后，吸附在土颗粒表面较厚的吸着水膜被置换掉，从而使土颗粒的扩散双电子层厚度减小，使土颗粒距离拉近，土颗粒间的斥力减弱，因此土颗粒之间胶结物质的胶结作用随之增强，从而可以明显增大土体的黏聚力。除此之外，化学反应生成的 $CaCO_3$ 沉淀会吸附在土颗粒的表面形成包裹，以及在土颗粒之间形成搭桥，从而对土体形成了胶结和孔隙填充作用，增大了土体的黏聚力。和无侧限抗压强度规律一致，当生成的 $CaCO_3$ 沉淀量相同（2.23%），$CaCl_2$ 溶液浓度超过 27.5%时，土体黏聚力呈现下降趋势，这同样是因为过量的 $CaCl_2$ 溶液会导致絮凝结构占主导地位，絮凝结构会把土颗粒聚集成更大的团聚体，但是同时也会产生过多的孔隙通道，使孔隙比增加，从而导致黏聚力降低。此外，随着 $CaCl_2$ 溶液浓度的增加，会离解出大量的二价钙离子，二价钙离子会置换出土颗粒表面吸附的低价阳离子，导致双电子层变薄，土颗粒之间的吸引力增加，从而增强了防止剪切滑动面形成的作用。

5.2.6　化学沉淀法改良膨胀土干湿循环试验研究

在膨胀土的诸多工程性质中，胀缩性受干湿循环的影响一直是国内外研究的重点。在过去的几十年里，国内外学者就该课题展开了大量的试验工作，均发现在自然气候条件下，由于气候（降雨和干燥）的周期性变化，膨胀土会经历反复的干湿循环和胀缩变形，从而导致物理力学性质发生显著的变化。干湿循环作用会导致膨胀土中形成贯穿的裂隙网络，破坏土体的完整性，降低土体的强度[109]。事实上，这是由于干湿循环会引起黏土颗粒的积聚和排列的变化，从而引起微观结构的改变，导致土体膨胀性能的变化。在干湿循环过程中，黏土颗粒之间在不可逆的范德华力作用下，聚集成更大的聚集体，其结果使土中黏粒减少，比表面积减小，可塑性降低，同时颗粒定向性也会变差，根据第 4 章分析可知，这种变化在第二次干湿循环时最明显，随着干湿循环的进行，当达到某种平衡状态后，这种胀缩特性便会趋于稳定[110-111]。上述微结构的变化也会影响膨胀土其他物理力学指标的改变，如干湿循环作用会使颗粒聚集，比表面积减小，因而造成孔隙率的增加，渗透性相应增强，土颗粒之间的结构连接也会减弱，进而为裂隙的产生和发育提供了充足的条件，造成强度的降低[112]。

根据上述分析可知，干湿循环效应对膨胀土的稳定性有着重要的影响，因此，本节内容将对改良后膨胀土试样干湿循环过程中的水稳定性进行研究与分析。

目前，在试验条件下模拟干湿循环过程的方法有很多，不同的干湿循环过程的区别在于，加湿和脱湿含水量、加湿方法、脱湿方法以及加湿和脱湿时间的不同。本节所采用的制样方法同无荷载膨胀率试验。将成型后的试样放入潮砂中养护 7d 后取出进行干湿循环试验。

具体的试验方法为：首先将透水石放置于容器中，透水石上依次放置滤纸和试样，先向容器中加水至水面和透水石顶面同高，在毛细作用下试样吸水饱和，约进行 12h 左右；随后将试样小心地放置在干燥阴暗且通风良好的容器中进行自然风干至试样初重，风干过程中需随时对试样的质量进行称量，当试样风干至初始质量时，视为失水收缩过程结束。在试验过程中，每完成一次干湿循环过程后，将试样放置在光线充足的地方进行拍照，随后对其表面裂隙进行分析。除此之外，试样在每次吸湿和脱湿过程结束后，都需要通过游标卡尺对其高度进行测量，且每个试样需从不同的四个方向进行测量，试样最终高度取 4 次测量的平均值，随后通过试样高度的变化对干湿循环过程中的相对膨胀率进行计算。最后，分别取完成 0、2 和 4 次干湿循环后的膨胀土试样进行快剪试验，来对其干湿循环后的抗剪强度指标进行研究。干湿循环过程中试样表面裂隙图像如图 5.5 所示，干湿循环过程中试样抗剪强度指标试验结果如表 5.7 所示。图 5.6 和图 5.7 分别为干湿循环过程中试样黏聚力和内摩擦角随干湿循环次数的变化曲线。

第一次干湿循环　　　　第二次干湿循环　　　　第三次干湿循环　　　　第四次干湿循环

（a）素土

第一次干湿循环　　　　第二次干湿循环　　　　第三次干湿循环　　　　第四次干湿循环

（b）溶液浓度为 27.5% $CaCl_2$ 26.5% Na_2CO_3 的改良土样

第一次干湿循环　　　　第二次干湿循环　　　　第三次干湿循环　　　　第四次干湿循环

（c）溶液浓度为 27.55% $CaCl_2$ 21.2% Na_2CO_3 的改良土样

图 5.5　干湿循环过程中试样表面裂隙发展情况

表 5.7　干湿循环过程中试样的抗剪强度指标试验结果

试验编号	配比方案及养护天数	干湿循环次数/次	黏聚力/ kPa	内摩擦角/ （°）
素土		0	18.9	11.9
		2	12.3	10.0
		4	7.9	9.9
顺序 1A （完全反应）	22.0% $CaCl_2$ 21.2% Na_2CO_3	0	26.8	13.7
		2	22.6	11.1
		4	19.4	10.2
	27.5% $CaCl_2$ 26.5% Na_2CO_3	0	32.0	14.5
		2	28.7	12.7
		4	24.5	12.3

续表

试验编号	配比方案及养护天数	干湿循环次数/次	黏聚力/ kPa	内摩擦角/ （°）
顺序 1B （CaCl$_2$ 过量）	27.5% CaCl$_2$ 21.2% Na$_2$CO$_3$	0	37.4	14.7
		2	30.6	13.5
		4	25.9	13.0
	33.0% CaCl$_2$ 21.2% Na$_2$CO$_3$	0	32.0	15.1
		2	25.7	13.4
		4	22.1	13.1

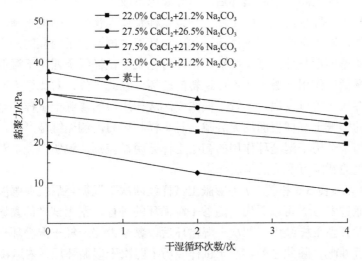

图 5.6　素土和不同浓度溶液配比组合下改良土的黏聚力随干湿循环次数的变化曲线

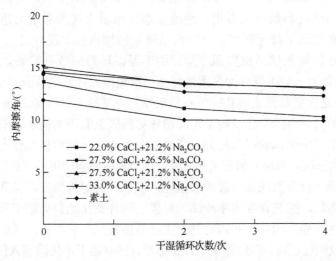

图 5.7　素土和不同浓度溶液配比组合下改良土的内摩擦角随干湿循环次数的变化曲线

　　图 5.5 为干湿循环过程中试样表面裂隙发育情况。其中图 5.5 (a) 为素土试样经干湿循环作用后表面裂隙发育过程图，图 5.5 (b) 以及图 5.5 (c) 分别为 27.5% $CaCl_2$ 溶液和 26.5% Na_2CO_3 溶液作用后的土样以及 27.5% $CaCl_2$ 溶液和 21.2% Na_2CO_3 溶液作用后的土样在干湿循环过程中表面裂隙发展情况。特别说明，由于其他浓度溶液作用后试样表面裂隙情况与图 5.7 (b) 和图 5.7 (c) 相似（均无裂隙产生），故其试样表面图像在此省略。

　　通过图 5.5 (a) 可以看出，素土试样在经历了第一次干湿循环后，试样表面产生了很多细微的裂隙，随着干湿循环的进行，这些裂隙会逐渐发展并且伴随着新裂隙产生，经过四次干湿循环后，这些裂隙形成了纵横交错的裂隙网络，裂隙网会将膨胀土试样分割成若干小块，导致试样整体性丧失，强度下降。通过观察还可以发现，素土试样在干湿循环过程中与环刀内侧产生了明显的缝隙，土样经过四次干湿循环后与环刀基本脱离。由此可见素土试样经历四次干湿循环后内部结构在干湿循环作用下遭到了不可逆转的破坏。除此之外，对比素土和改良土的表面裂隙图像还可以发现，不管是低浓度溶液作用后的膨胀土试样还是高浓度溶液作用后的膨胀土试样表面均无裂隙，且土样与环刀内侧无缝隙产生，试样整体的结构性与未经历干湿循环作用的初始土样无明显差别，说明改良剂对干湿循环作用后产生的裂隙有明显的抑制作用。

　　表 5.7 以及图 5.6 和图 5.7 为膨胀土试样经四次干湿循环后抗剪强度参数的变化情况。通过表 5.7 可以看出，随着干湿循环的进行，素土试样的黏聚力呈现下降趋势，尤其当土样经历了四次干湿循环后，黏聚力比未经干湿循环作用的土样下降了将近 60%；除此之外，素土试样经历了四次干湿循环后，内摩擦角仅有很小幅度的下降，这说明干湿循环对膨胀土内摩擦角影响不大。对比改良后膨胀土试样的抗剪强度参数可以看出，经改良剂作用后土样的黏聚力随干湿循环次数的增加虽也有所下降但幅度很小，内摩擦角同样也基本没有明显变化。

　　综上所述，素土试样抗剪强度指标的干湿循环效应非常显著。根据已有研究[113]，黏土孔隙一般可以分为聚集体间孔和聚集体内孔，孔径分界值约为 0.1～0.2μm，这正是许多黏性土壤孔径分布呈双峰的主要原因。以 0.2μm 为分界，两类孔隙之间的相对含量变化反映了干湿循环对膨胀土微观结构变化的影响。在土的增湿过程中，由于水的楔入压力及膨胀压力作用，土颗粒聚集体内孔和聚集体间孔都会发生膨胀，当压力超过某一值时，颗粒连接便会产生不可逆转的削弱，土颗粒聚集体随之会分散成低一级的聚集体，形成相对更为松散的排列，导致聚集体间孔迅速增加，尤其在含水率较高的时候，这种变化趋势会随干湿循环次数的增加而不断地增强，因此，孔隙的变化主要是指发生在聚集体间孔的变化。当土体经历失水收缩过程时，颗粒聚集体体积缩小，同时由于水化膜楔入压力减小，聚集体排列会更为紧密，当含水率降低到一定程度时，部分微聚集体重新发生聚集，聚集体间孔转化为聚集体内孔，导致后者体积随干湿循环次数的增加而增加。但是这种收缩是不均匀的，很容易导致聚集体间产生微裂隙，由于裂隙的不断产生与发展，土的整体性会大幅降低，土颗粒之间的胶结也会逐渐消失，因此土体的强度会衰减。结合图 5.5（a）可以看出，随着干湿循环次数的增加，素土试样表面裂隙会逐渐发育，此现象与上述分析一致。而加入改良剂后，吸附在土颗粒表面的结合水被置换掉，使土颗粒的扩散层厚度减小，土颗粒间距离拉近且密度增大，同时聚集体内孔不断减小，因而加强了土颗粒之间的胶结物质的胶结作用。另外，改良剂发生化学反应生成的碳酸钙沉淀在土颗粒中起着填充和胶结的作用，随着碳酸钙沉淀的不断产生，土颗粒之间的聚集体间孔会被逐渐填充，由于碳酸钙沉淀强度大且不可溶解的特性，填充作用会使土体密度进一步加大且强度增强；除此之外，碳酸钙沉淀本身具有胶结的特性，也会把周围的土颗粒黏结在一起，形成一个稳定的整体，因而经改良剂作用后的膨胀土试样在干湿循环过程中表现出稳定的水稳定性。此外，干湿循环作用只是在一定程度上改变了土颗粒表面因物理化学作用而产生的吸引力，对颗粒之间咬合作用力并不会产生显著影响，因而土样的内摩擦角受干湿循环作用并不明显。

5.3 化学沉淀法改良膨胀土机理研究

前文尝试使用 $CaCl_2$ 溶液结合 Na_2CO_3 溶液对膨胀土进行改良试验，发现 $CaCl_2$ 溶液结合 Na_2CO_3 溶液能显著地降低土体的胀缩变形，提高土体的强度。本节内容将在前期物理力学试验结果的基础上，进一步对改良土的黏土矿物组成、微观结构变化及黏土矿物层间结合水含量进行分析。

5.3.1 扫描电镜试验

由上述分析可知，含水率的变化直接导致膨胀土胀缩变形，而土体内部结构是影响水分子在土体进行迁移的主要因素。膨胀土的宏观工程特性在很大程度上受到其微观结构的影响和控制，土体孔隙结构及分布特征对土体宏观物理力学特性也有着重要的影响。扫描电子显微镜（简称扫描电镜）广泛应用于土体微观结构研究中，因此，本小节内容将通过扫描电镜图像对素土以及改良土内微观孔隙进行研究。为了节省篇幅，本节仅对素土试样和 27.5% $CaCl_2$ 溶液和 21.2% Na_2CO_3 溶液作用后的膨胀土样进行分析。扫描电镜分别选取 600、1200 以及 5000 倍对试样进行放大。

试验结果如图 5.8 所示。图 5.8（a）、（b）分别为素土和改良土样放大 600 倍的图像。由图 5.8（a）可以看出，素土裂隙发育十分明显，孔隙多且大，尤其可以注意到的是，素土试样中具有连通的孔隙，贯穿整个试样，试样结构的完整性被分割。根据晶格扩张膨胀理论，对于面-面接触的层状结构，水分子容易进入层与层之间生成水夹层，使层间距变大，在宏观上表现出吸水膨胀的特性；此外，素土颗粒边界明显，颗粒边缘比较圆润，土样中存在非常多的孔隙，这也为水分子的进入提供了通道。对比图 5.8（b）可以发现，经改良剂作用后的土颗粒间连接紧密，颗粒边界不明显，孔隙变小。改良后的土样形成了具有蜂窝状、骨架状、海绵状的混合结构，土样整体呈现出非常致密的状态。

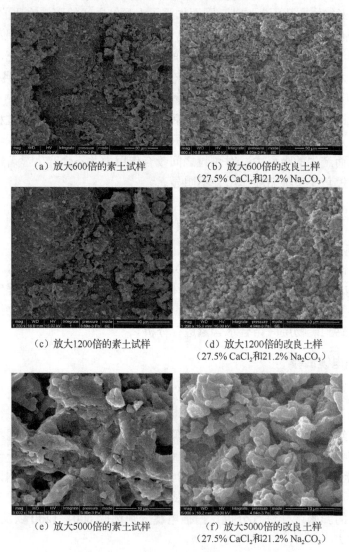

（a）放大600倍的素土试样　　　　　（b）放大600倍的改良土样
　　　　　　　　　　　　　　　　　　（27.5% CaCl$_2$和21.2% Na$_2$CO$_3$）

（c）放大1200倍的素土试样　　　　　（d）放大1200倍的改良土样
　　　　　　　　　　　　　　　　　　（27.5% CaCl$_2$和21.2% Na$_2$CO$_3$）

（e）放大5000倍的素土试样　　　　　（f）放大5000倍的改良土样
　　　　　　　　　　　　　　　　　　（27.5% CaCl$_2$和21.2% Na$_2$CO$_3$）

图 5.8　养护 7d 后膨胀土试样扫描电镜照片

图 5.8（c）、（d）分别为素土和改良土样放大 1200 倍后的图像。由图 5.8（c）

可以看出，素土颗粒大小不一，单元体与单元体之间以面-面接触为主，兼有面-边接触等多种接触模式。此外，将膨胀土试样放大 1200 倍后可以看出，素土中具有非常明显的孔隙，孔隙多且饱满，颗粒之间间距较大。对比图 5.10（d）而言，改良后的膨胀土颗粒之间连接紧密，土样内部未出现明显孔隙，土样表现为非常致密的整体。

图 5.8（e）、（f）分别为素土和改良土样放大 5000 倍后的图像。由图 5.8（e）可以看出，素土颗粒边缘比较圆滑，土颗粒团聚体之间具有非常明显的孔隙，孔隙大且具有明显的连通性，这些孔隙将土体分割成不同的小团聚体，分散性较强。通过图 5.8（f）可以看出，改良后土样土颗粒之间的孔隙中填充了许多小团粒结构，小团粒使土颗粒之间连接更加紧密，并且把大团聚体连接成了一个整体，同时颗粒的边界已不再明显。孔隙填充胶结程度的增加提高了土颗粒的胶结紧密程度，由于大孔隙被胶结以及填充，对流体的流通形成了明显的阻碍作用，从而抑制了膨胀土的膨胀特性。

5.3.2　红外光谱试验

膨胀土是一种典型的由大量亲水黏土矿物组成的特殊黏土，其内部膨胀晶格矿物（蒙脱石、蒙脱石混层矿物）与水结合的物理、化学过程及结合水形态是决定其膨胀性的重要因素。国内外很多学者就黏土矿物与水的相互作用，尤其是结合水的形成、迁移等规律开展了大量的研究工作[114-116]。水分子属偶极体结构，氧原子和氢原子沿着彼此间的化学键发生伸缩和弯曲两种振动形式，不同类型结合水分子因与黏土颗粒结合能态的差异，在红外辐射中将表现出不同分子振动能级跃迁所对应频率的吸收，从而在红外谱图上表现为吸收峰形态和强度的改变[117-118]。鉴于此，本节内容将对素土以及改良土从结合水以及新生成的物质两方面进行红外光谱测试分析。

红外光谱试验的具体试验方法如下。取风干素土以及 27.5% $CaCl_2$ 溶液和 21.2% Na_2CO_3 溶液作用后的膨胀土、高纯度 KBr 粉末于 120℃烘箱中同时进行烘干。2h 后将 1mg 土样与 200mg KBr 置于玛瑙乳钵中，经混合研磨均匀后进行压膜制样，用 Thermo Nicolet Nexus 4700 红外光谱测定仪器测定素土及改良土的红外光谱图，试验结果如图 5.9 及图 5.10 所示。

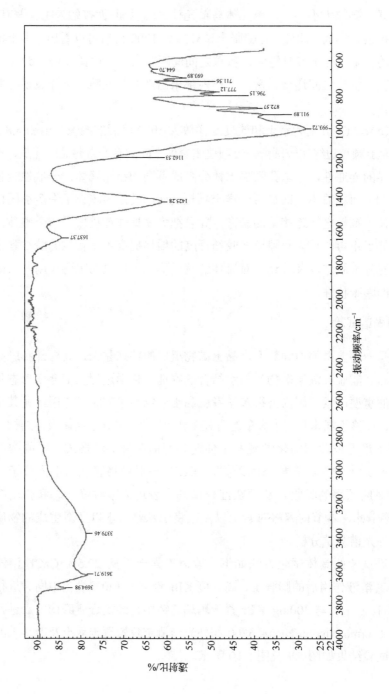

图 5.9 素土的红外光谱图

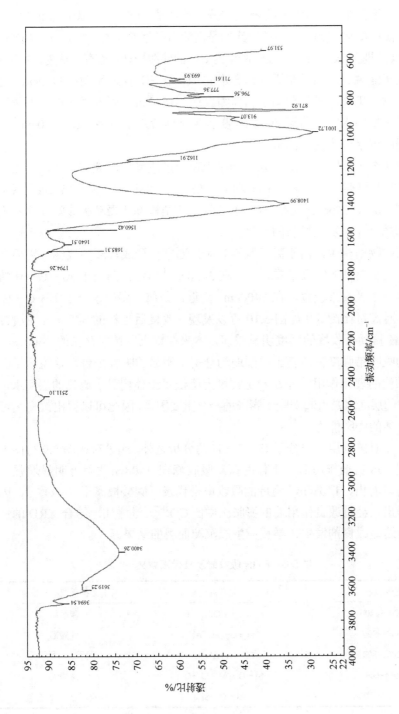

图 5.10　改良膨胀土的红外光谱图

　　在红外光谱图中，黏土矿物分布的水分子或羟基（OH⁻）有以下几个典型的特征吸收光波段：波段 $3700cm^{-1}$ 主要对应的是高岭石晶格 OH⁻的伸缩振动；$3620cm^{-1}$ 主要对应的是蒙脱石及高岭石八面体晶格内 OH⁻的伸缩振动，也有人认为，$3620cm^{-1}$ 中一部分属于蒙脱石层间最牢固键结合水的 H—O—H 伸缩振动；$3400cm^{-1}$ 对应的是膨胀性黏土矿物与矿物层间水的伸缩振动；$1640cm^{-1}$ 附近对应的是膨胀性黏土矿物与矿物层间水的弯曲振动；如果膨胀土试样含水率较高，在 $1600cm^{-1}$ 附近则会存在弱吸附水分子的弯曲振动。

　　通过对比图 5.9 与图 5.10 可知，膨胀土在经过改良剂溶液作用后，素土图谱中的主要吸收峰仍存在，其中在中低频区，$1031cm^{-1}$（Si—O—Si），$520cm^{-1}$（Al—O—Si），$875cm^{-1}$，$796cm^{-1}$（Al—O—H）等主要结构基团振动吸收峰变化不大，这说明土体成分并未发生显著的变化。

　　蒙脱石矿物结构中，由于离子置换效应，通常会形成较弱的氢键，因而会在高频区引起两个典型的吸收谱带，一个在 $3620cm^{-1}$ 附近，归属于 Al—O—H 的伸缩振动，另一个吸收带较宽，在 $3400cm^{-1}$ 附近，归属于层间水分子 H—O—H 的伸缩振动。通过对比图 5.9 与图 5.10 可以发现，改良后土样的 $3400cm^{-1}$ 吸收带，即 H—O—H 振动吸收峰的强度明显减弱，本来在素土图谱中存在的 $3400cm^{-1}$ 附近的较宽的吸收带强度在改良土中削弱为分辨不明显的吸收平台，这说明了改良剂对土体颗粒的理化作用，即在一定程度上降低了土体内黏土矿物的层间水，因为黏土矿物的层间水是引起膨胀土膨胀的一个重要因素，因此可以得出改良剂可以有效降低土体的膨胀能力。

　　除了上述对矿物层间水分子 H—O—H 的分析之外，通过对比图 5.9 与图 5.10 还可以发现，改良剂作用后，土体的振动吸收峰在 $1408cm^{-1}$ 附近明显增强，对照表 5.8 可以看出，$1408cm^{-1}$ 附近的吸收谱带代表了碳酸根离子（CO_3^{2-}），因此可以总结得出，经过改良作用后的膨胀土中的 CO_3^{2-} 大量增加，结合 XRD 的试验结果可知，这是改良剂发生化学反应生成沉淀而得的结果。

表 5.8　FTIR 吸收峰及其代表意义

吸收谱带/（cm^{-1}）	化学键	注释
1500～1400	—CO_3	碳酸盐
1300～900	Si—O—Si，Al	硅酸铝
1200～800	Si—O，Al—O	AlO_4^-，SiO_4
800～600	Si—O—Al，Si—O	硅酸铝
694，777，796	Al—O—Si	石英，地质聚合物

5.4　化学沉淀法原位改良膨胀土试验研究

5.2 节物理力学试验的结果及 5.3 节进一步对改良土的黏土矿物组成及微结构变化、矿物层间结合水的分析研究表明，本文选用的 CaCl$_2$ 溶液结合 Na$_2$CO$_3$ 溶液的方法可以有效降低膨胀土的膨胀性，提高膨胀土的强度。但是前文所述改良方案均为异位处理方法，即把改良剂掺入扰动土样中对膨胀土进行改良。异位处理方法一方面对土体会产生较大的扰动，另一方面施工较为复杂，成本也相对较高。因此，本节内容主要是对所选改良剂原位改良膨胀土进行研究，通过将 27.5% CaCl$_2$ 溶液和 21.2% Na$_2$CO$_3$ 溶液依次渗入压实膨胀土模型中来探索原位改良的效果。

原位改良膨胀土试验模型如图 5.11 所示，本试验所使用的模型为直径 300mm、高 200mm 的有机玻璃圆筒。原位改良膨胀土的具体试验步骤如下。

（1）将 30kg 天然风干膨胀土碾碎后过 2mm 筛，随后将过筛后的土体平均分成 6 份，按最优含水率 22.3%对每份土样进行配水。

（2）将配水完成后的土样放入密封养护袋中养护 24h，待水分平衡后取出，将 6 份土体均匀地混合到一起备用。

（3）取 20.09kg 备用土体分 5 层压实到有机玻璃圆筒中，每层压实厚度为 30mm，压实密度为最大干密度 1.55g/cm^3。

（4）在压实土样中间取一个直径为 70mm、高度为 100mm 的圆柱，圆柱体积为 385cm^3，将圆柱中的膨胀土取出后用砾石填满，作为改良溶液的入渗通道。

（5）将 2000mL 浓度为 27.5%的 CaCl$_2$ 溶液缓慢地倒入砾石柱中静置 10d，让溶液慢慢扩散渗入压实土体中。

（6）再将 2000mL 浓度为 21.2%的 Na$_2$CO$_3$ 溶液缓慢地倒入砾石柱中静置 10d，让溶液慢慢扩散渗入压实土体中。

（7）完成上述步骤后，用一块潮湿的布覆盖于试样表面，将试样置于恒温恒湿的环境中养护 28d。

（8）28d 后，将直径为 39.1mm、高度为 80mm 的薄壁取样器分别在距中心孔 0.8D 和 1.9D（D 为中心孔直径，70mm）的位置向土中推入 120mm 深度进行取样，随后将这些所取试样进行无侧限抗压强度试验。同时，另取 200g 土样进行自由膨胀率试验。本文将在 0.8D 及 1.9D 处所取试样进行的试验称为试验 1。除此之外，将直径为 60mm、高度为 20mm 的环刀分别在距中心孔 1D 和 1.3D 的位置向土中推入 50mm 深度进行取样，所取环刀试样用于无荷载膨胀率与直剪强度参数的测试。同样，本文将在 1D 和 1.3D 位置所取试样进行的试验称为试验 2。

需要特别说明的是，改良后膨胀土的含水率由 22.3%提升到 25.0%左右，最大干密度由 1.55g/cm³ 降至 1.51g/cm³。由于无侧限抗压强度试验、无荷载膨胀率试验以及快剪试验的测试结果与测试所用试样初始状态密切相关，因此在后续结果对比时所用的素土试样需按25.0%含水率进行配水后按1.51g/cm³的干密度进行压实制样。

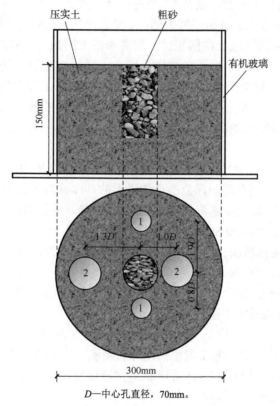

D—中心孔直径，70mm。

图 5.11　原位改良膨胀土试验模型

将所取试样进行相应试验，试验结果如表 5.9 所示。

表 5.9　原位改良膨胀土试验测试结果

试验编号	距离	无侧限抗压强度/kPa	无荷载膨胀率/%	黏聚力/kPa	内摩擦角/(°)	自由膨胀率/%
素土	—	137	9.3	18.9	11.9	56.0
试验1	0.8D	270	—	—	—	38.0
试验1	1.9D	256	—	—	—	39.0
试验2	1.0D	—	1.0	32.4	13.0	—
试验2	1.3D	—	0.7	28.2	13.3	—

注：表中"—"表示未获得相应结果。

　　通过表 5.9 可以看出，原位改良后膨胀土的自由膨胀率降低，且均降至 40%以下；同时，无荷载膨胀率也明显降低，由素土的 9.3%降至 1.0%左右；此外，改良后膨胀土的无侧限抗压强度升高，黏聚力也得到大幅提升，内摩擦角有所上升但幅度较小。对比不同取样位置的同一组试验还可以看出，化学沉淀法改良效果在空间分布上未出现明显差异，这主要是因为改良剂的高渗透特性，溶液迁移较为均匀。

第6章 钢渣微粉改良膨胀土研究

钢渣微粉是在钢渣的基础上通过一系列的加工过程产生的副产品。在我国,钢铁产业作为支柱型产业之一,2021 年我国的钢材产量达到 133 667 万 t,钢渣是在炼钢过程中产生的废料,迄今为止,全国钢渣堆积的总量超 10 亿 t,这不仅占用了庞大的土地资源,同时也给环境带来了很大压力。在钢渣利用方面,我国做了很多努力,但到目前为止,其综合利用率仅有 10%,钢渣利用的一种方法是直接提取钢渣中的铁金属,但在钢渣中提取铁金属要花费很大的代价,并且提取后的废渣还是同样难以处理。另一种方法是将钢渣制作成钢渣微粉,激发其活性作为水泥添加剂。在制作水泥的过程中,钢渣微粉的掺量可以达到 20%。钢渣微粉中主要氧化物是 CaO 和 SiO_2,分别占总量的 40%~60%以及 13%~20%,其中 CaO 可作为膨胀土改良的有效成分。此外,钢渣微粉中含有的硅酸三钙和硅酸二钙等活性物质具有与水泥相似的水硬胶凝性,这为钢渣微粉改良膨胀土提供了另一个有利的论证。钢渣微粉一直是一种未被充分利用的资源,倘若能够将其充分地利用起来,这不但能够解决环境方面的问题,而且还能够产生经济方面的效益。本章内容主要探究了钢渣微粉作为膨胀土改良剂的可行性,通过一系列室内试验对其改良效果进行评价,得到了钢渣微粉的最优掺量以及养护龄期。本章内容不仅为膨胀土改良提供了新的思路,还可以极大地缓解国内钢渣的处理问题,具有重要的工程意义。

6.1 试验材料

6.1.1 试验用土的基本性质

本研究所用土取自南京市高淳区某路段,取样用挖坑取土的方法。用铁锹往下挖土,去掉表层非膨胀土部分,用蛇皮袋装好,为保证试验用土一致性,取土范围在 3m 范围内,深度在 0.3~0.8m。

将部分取回土样进行天然含水率、密度、相对密度等基本物理性质试验。试验用土基本物理性质指标如表 6.1 所示。

表 6.1　试验用土基本物理性质指标

基本物理性质指标	自由膨胀率/%	相对密度	液限/%	塑限/%	塑性指数
测试结果	57.0	2.79	54.4	17.8	36.6

由表 6.1 可知，土样的液限为 54.4%，塑限为 17.8%，塑性指数为 36.6，土的液限大于 50%，塑性指数大于 0.73（ω_L-20），根据《膨胀土地区建筑技术规范》（GB 50112—2013），土样为高液限黏土（CH）。

6.1.2　试验用土的击实特性

击实试验是工程中测定压实的一种方法，本章研究所采用的击实试验为重型击实试验，试验所得相关结果如表 6.2 所示，素土干密度-含水率关系曲线如图 6.1 所示。

表 6.2　素土击实试验数据表

含水率/%	11.8	13.8	15.8	17.8	19.8	21.8	23.8
干密度/（g/cm³）	1.592	1.694	1.821	1.842	1.812	1.712	1.603

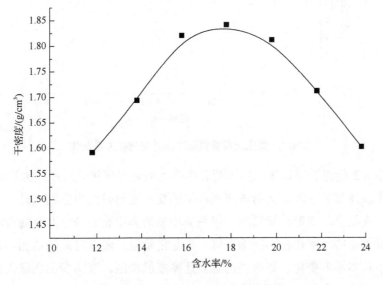

图 6.1　素土干密度-含水率关系曲线

由图 6.1 可以得出，素土最优含水率为 17.8%，最大干密度为 1.842g/cm³。

6.1.3 试验用土的膨胀特性

1. 自由膨胀率研究

自由膨胀率是反映膨胀土胀缩特性的重要指标之一，它最主要的目的是测定土颗粒在没有结构力作用下的膨胀特性，较为浅显地判定黏土的胀缩性质，试验结果主要受土中黏粒含量和矿物成分的影响。自由膨胀率的大小会随着黏粒含量的增多而变大。

试验得本研究所用土样的自由膨胀率为 57%，按照《膨胀土地区建筑技术规范》（GB 50112—2013）判断该土属于弱膨胀土。

2. 无荷载膨胀率研究

素土无荷载膨胀率随时间变化关系曲线如图 6.2 所示。

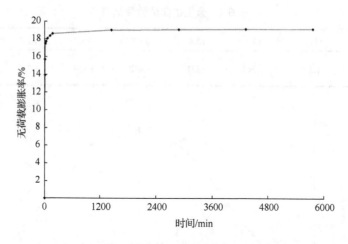

图 6.2　素土无荷载膨胀率随时间变化关系曲线

从图 6.2 能够看出，素土的无荷载膨胀率随时间变化关系曲线大致分为 3 个阶段。在快速膨胀阶段，无荷载膨胀产生的变形在短时间内急剧上升。在减速膨胀阶段，膨胀土的变形继续增加，但是其增加的幅度有所减小并且随着时间的推移，这种增加的速率也在不断地下降。在稳定阶段，随着时间的增加，无荷载膨胀率大小基本不再变化，即土样已经到达膨胀的极限。该膨胀土在最优含水率的前提下，无荷载膨胀率达到 19.13%。

3.　有荷载膨胀率研究

有荷载膨胀率是在无荷载膨胀率基础上的进一步的补充，它能够体现出膨胀土的膨胀性质在结构性荷载作用下的变化情况，它是在荷载作用以及有侧限的前提下单向的膨胀率。

素土有荷载膨胀率与压力关系曲线如图 6.3 所示。

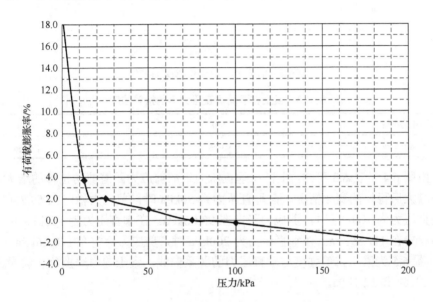

图 6.3　素土有荷载膨胀率与压力关系曲线

从图 6.3 能够看出，在初始施加荷载时，有荷载膨胀率下降较快，在小荷载的作用下，膨胀率大幅下降，在荷载达到 50kPa 后，有荷载膨胀率随加荷的变化曲线呈现一次函数递减关系。由图 6.3 还可知，当所施加的荷载大于 75.1kPa 时，有荷载膨胀率与加荷压力的关系曲线就会向零刻度以下发展，也就是说，膨胀出现了负值，即产生了压缩。

6.1.4　试验用土的强度特性

土的破坏本质上来说是受剪而剪坏的。所以土的抗剪强度成了测定土体强度的一个非常重要的指标。本文试验所用土样均为最大干密度下的环刀样。

试验结果如图 6.4 和表 6.3 所示。

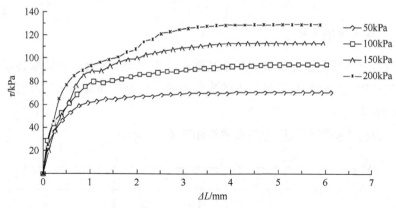

图 6.4　剪应力与剪切位移关系曲线

表 6.3　素土在不同垂直压力下的抗剪强度

垂直压力/kPa	50	100	150	200
抗剪强度/kPa	69.86	93.06	112.59	128.66

由图 6.4 及表 6.3 可知，土样在垂直压力下的剪应力随着剪切位移的增大，呈现先增大后稳定的变化情况。在垂直压力为 50kPa 时，剪应力稳定在 69.86kPa。在垂直压力为 100kPa 时，剪应力稳定在 93.06kPa。在垂直压力为 150kPa 时，剪应力稳定在 112.59kPa。在垂直压力为 200kPa 时，剪应力稳定在 128.66kPa。

图 6.5 为素土抗剪强度与垂直压力的关系曲线，素土的内摩擦角和黏聚力分别为 21.4° 和 52.1kPa。

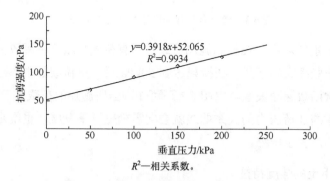

R^2—相关系数。

图 6.5　抗剪强度与垂直压力的关系曲线

6.1.5　干湿循环作用下试验用土性质研究

1. 干湿循环作用下试验用土变形开裂特性

在自然环境中，伴随着干燥以及降雨等气候的反复交替，膨胀土不可避免地要经历干湿循环，这就导致了膨胀土在雨水充足的时候会发生膨胀，在干燥的时候会产生收缩，从而使膨胀土内部结构发生破坏。膨胀土在自然界中的一大特点就是其体积一直会随着干湿循环的变化而变化，这种体积变化会给实际工程带来不可预料的危害，无论是在工程前还是工程后。在外界条件的影响下，膨胀土的这种反复干湿作用会使膨胀土表面以及内部产生裂隙，并且加速裂隙的发育，破坏膨胀土的内在完整性，使膨胀土的强度急剧下降，造成工程上的危害。

　　干湿循环过程会使膨胀土内部产生裂隙，裂隙宽度以及深度也会随着膨胀土干湿循环次数的增加变得更宽更深。膨胀土裂隙发展不仅破坏了土体内部的结构，还给自由水增加了一个渗入渠道，使土体的含水量变大，强度减小，这也是膨胀土边坡引起滑坡的一个内在原因。所以，对膨胀土以及改良土在干湿循环作用下的裂隙开展情况进行研究就很有必要。本研究所用素土试样在干湿循环过程中裂隙发展情况如图 6.6 所示。从图 6.6 可以看出，干湿循环的过程是试样中裂隙产生、发展、贯通，并最终形成网格状裂隙的过程。通过图 6.6 可以看出，试样在干湿循环进行至第 1～2 次时，其表面裂隙开裂不明显；当试样经历了三次干湿循环后，试样表面仅出现了几条细小的裂隙，无贯穿裂隙形成；当第四次干湿循环完成后，裂隙逐渐贯通，试样表面出现了明显的裂隙网络，此时裂隙宽度相对较窄；当试样完成了五次干湿循环后，试样表面裂隙长度仅有小幅增长，但裂隙宽度在增加显著；当干湿循环进行到第六次时，试样表面裂缝网络已基本趋于稳定，膨胀土试样结构的完整性遭到了严重的破坏。

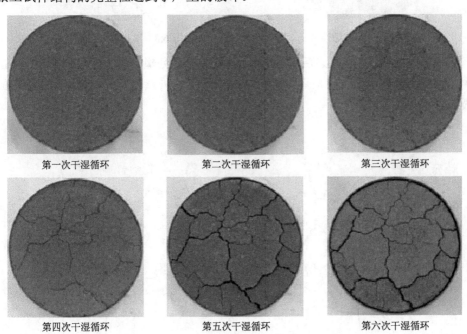

图 6.6　素土试样在干湿循环过程中的裂隙发展情况

为了更加具体地对膨胀土裂隙开裂情况进行分析，本章内容引入裂隙度指标对膨胀土试样表面裂隙的变化情况展开描述。前人对于裂隙度有很多种表示的方法，其中应用较多的是裂隙面积率、裂隙长度比以及裂隙平均宽度等指标，因此，本章内容引用上述 3 个指标对干湿循环作用下土体的开裂过程进行分析。本研究采用尼康数码相机进行图像的获取，试验开始前将数码相机固定于干湿循环试样正上方 10cm 处，这样可以确保所拍照片均为同一高度以及同一地点；当照片获取完成后，用 Photoshop 软件对所拍图片进行二值化处理，即用黑色代表图片中的裂隙，白色代表试样中被裂隙分割的土块，图 6.7 为原裂隙照片，图 6.8 为处理后裂隙图片。

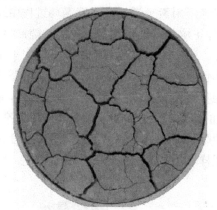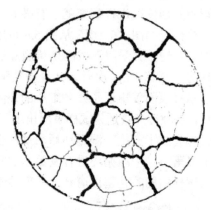

图 6.7　原裂隙照片　　　　　　　　　　图 6.8　二值化后的裂隙图像

获得二值化后的图像之后，需要对其进行矢量化处理，根据不同的要求将图 6.8 中二值化后的裂隙图像生成图 6.9 及图 6.10 所示的矢量图，方便分析图中试样的裂隙面积和裂隙长度。

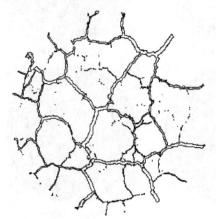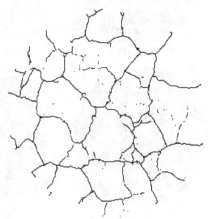

图 6.9　轮廓线矢量图　　　　　　　　　图 6.10　中心线矢量图

　　将上述矢量处理后的二值化图片导入 AutoCAD 中，能够提取出图中裂隙的总面积，同时也可以提取出图中裂隙的长度之和。本章内容采用裂隙面积率、裂隙长度比以及裂隙平均宽度等几个指标来分析干湿循环情况下，膨胀土以及改良土裂隙开展情况。

　　图 6.11 是干湿循环作用下素土试样表面裂隙面积率变化情况，图 6.12 是干湿循环作用下素土试样表面裂隙长度比变化情况，图 6.13 是干湿循环作用下素土试样裂隙平均宽度情况。由图 6.11、图 6.12 以及图 6.13 可见，膨胀土试样裂隙面积率、裂隙的长度比以及裂隙的平均宽度都是随干湿循环次数的增多而变大。

　　通过图 6.11 可以看出，素土试样的表面裂隙面积率整体呈指数型上升趋势。当干湿循环次数达到 2 次时，试样表面裂隙面积率急剧上升；当干湿循环次数达到 5 次时，表面裂隙面积率基本稳定在 8%左右，说明试样已经破坏。通过图 6.12 可以看出，膨胀土的长度比同样也随干湿循环次数的增多而变大。当循环次数达

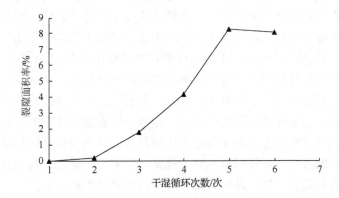

图 6.11　干湿循环作用下素土试样表面裂隙面积率变化曲线

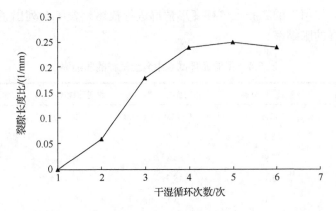

图 6.12　干湿循环作用下素土试样表面裂隙长度比变化曲线

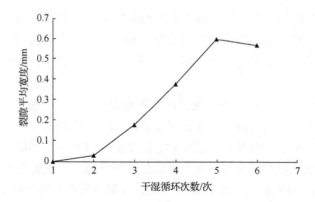

图 6.13　干湿循环作用下素土试样表面裂隙平均宽度变化曲线

到 2 次时，裂隙长度比增加幅度较为明显；当干湿循环次数达到 4 次时，膨胀土试样表面的裂隙长度比基本保持不变，这是因为当干湿循环次数达到 4 次时，试样表面已基本不再有新裂隙产生，旧裂隙在膨胀土试样表面已经形成了完整的干缩裂隙网络。与此同时，通过图 6.13 可以看出，膨胀土裂隙的平均宽度在干湿循环 1～5 次均呈指数型上升，在干湿循环第六次后略有减小。对比图 6.11 与图 6.13 可知，裂隙平均宽度和表面裂隙面积率有相似的变化趋势，这也可以说明裂隙发育程度越高，对应的裂隙宽度越大，二者都取决于土体自身的收缩性。有学者认为，裂隙长度、宽度在很大程度上决定了水分及溶质在土体中的迁移速率，而裂隙网络的呈现形式则是土体在干燥过程中内部应力应变演化规律的重要指示，能为开裂机理研究及相关理论模型的建立提供参考依据。因此，对裂隙网络进行量化并获取相关的集合参数，是膨胀土相关课题研究的重要内容。

为了进一步去探究试验土样在干湿循环条件下的胀缩变形规律，本章内容通过引入绝对膨胀率 δ_{ae}、相对膨胀率 δ_{re}、绝对收缩率 δ_{as} 以及相对收缩率 δ_{rs} 4 个变量对干湿循环作用下的膨胀土试样变形情况进行描述。表 6.4 列出了干湿循环过程中素土试样的胀缩率。

表 6.4　干湿循环试验中素土试样的胀缩率

干湿循环次数/次	绝对膨胀率/%	相对膨胀率/%	绝对收缩率/%	相对收缩率/%
1	12.4	12.4	0	10.9
2	6.8	6.7	0	6.3
3	5.9	5.8	0	5.6
4	5.7	5.7	0	5.4
5	5.1	5.1	0	4.6
6	5.4	5.3	0	5.1

图 6.14 以及图 6.15 分别给出了素土在干湿循环作用下绝对/相对膨胀率的变化情况以及绝对/相对收缩率的变化情况。本次干湿循环试验采用的是部分干燥方式，即加湿到饱和，干燥到试样初始高度。从理论上来说试样的绝对膨胀率应该和相对膨胀率相等，但是由于在实际的操作过程中试样的收缩高度难以精确地控制，所以图 6.14 中绝对/相对膨胀率曲线并不是完全重合。试样膨胀率在第一次循环后达到最大值，之后逐步降低并趋于一个定值，特别是在循环次数达到 2 次时下降幅度最大。

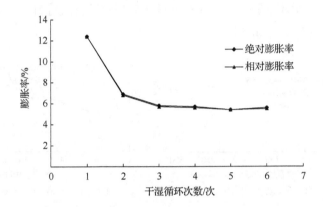

图 6.14　素土膨胀率随干湿循环次数变化关系曲线

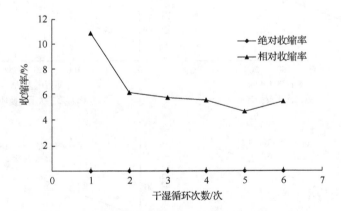

图 6.15　素土收缩率随干湿循环次数变化关系曲线

从图 6.15 可以看出，素土在干湿循环条件下试样的绝对收缩率为 0，这是因为部分干燥是将试样干燥至初始高度，因此绝对收缩率均为 0；相对收缩率在第一次循环时达到最大值，之后逐步降低，最后趋于一个定值，且在循环次数达到 2 次时下降幅度最大。

2. 干湿循环作用下试验用土抗剪强度变化规律

膨胀土是一种特殊性质的土。因为它具有特殊的矿物构成，有非常强的水敏性[118]，使其工程特性在大自然环境中变化很大，强度也会出现明显变动。在干湿循环的前提下，探究膨胀土强度的变化情况，这对工程实际能够起到很好的理论指导意义。

为了探究素土在干湿循环作用下抗剪强度的变化规律，本研究对素土试样一共做了 6 次干湿循环试验，并且在每次循环后都对试样进行直剪试验。试验结果如图 6.16、图 6.17 及表 6.5 所示。

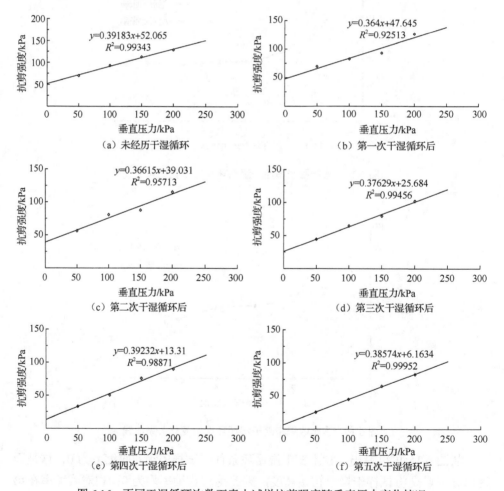

图 6.16　不同干湿循环次数下素土试样抗剪强度随垂直压力变化情况

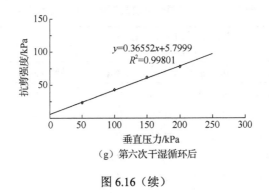

$y=0.36552x+5.7999$
$R^2=0.99801$

（g）第六次干湿循环后

图 6.16（续）

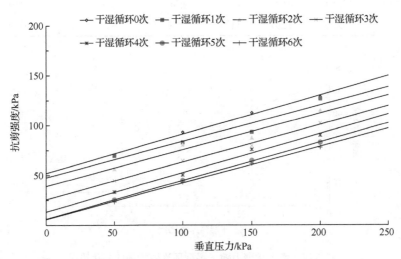

图 6.17　不同干湿循环次数下素土抗剪强度随垂直压力变化对比图

　　图 6.16 是不同干湿循环次数下素土试样抗剪强度随垂直压力的变化情况，图 6.17 是干湿循环作用下素土试样抗剪强度随垂直压力变化的对比图。通过图 6.16 及图 6.17 可以看出，素土的抗剪强度随着干湿循环次数的增多而降低，膨胀土试样在部分干湿循环试验后，其抗剪强度在干湿循环第一次及第二次时下降幅度相似，第三次及第四次时下降幅度最大，第五次及第六次时下降幅度最小，这是因为本试验部分干湿循环试验在干湿 1～2 次时，膨胀土试样中的裂隙相对不明显，而在循环次数达到 3～4 次时，膨胀土试样表面出现裂隙并逐渐布满整个试样，干湿循环 5～6 次后由于膨胀土裂隙发展基本完成，试样破坏，其抗剪强度基本稳定。

　　表 6.5 为不同干湿循环次数下素土快剪试验结果。图 6.18 为素土黏聚力随干湿循环次数增加变化情况，图 6.19 为素土内摩擦角随干湿循环次数增加变化情况。

表6.5　不同干湿循环次数下素土快剪试验结果

干湿循环次数 N/次	不同垂直压力下抗剪强度 τ_f/kPa				抗剪强度指标	
	50kPa	100kPa	150kPa	200kPa	黏聚力 c/kPa	内摩擦角φ/（°）
0	69.86	93.06	112.59	128.66	52.1	21.4
1	69.58	82.89	93.36	126.75	47.6	20.0
2	56.19	80.60	87.47	114.93	38.9	20.1
3	44.50	64.58	79.59	102.21	25.7	20.6
4	33.14	50.35	75.90	90.01	13.3	21.4
5	25.17	44.78	64.77	38.03	6.2	21.1
6	23.28	42.97	61.79	77.92	5.8	20.1

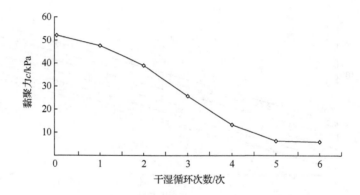

图 6.18　素土黏聚力随干湿循环次数增加的变化情况

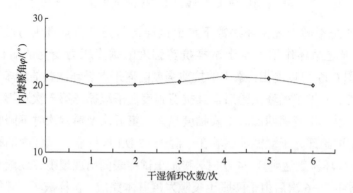

图 6.19　素土内摩擦角随干湿循环次数增加的变化情况

　　从图 6.18、图 6.19 以及表 6.5 可以得到，随着干湿循环次数的增加，试样的黏聚力逐渐降低，其下降幅度在前两次干湿循环过程中较小，随后其下降幅度逐渐增大，一直到干湿循环 5 次后趋于稳定，由此可以看出，黏聚力才是膨胀土干湿循环后抗剪强度衰减的主要原因。另外，当干湿循环次数增多时，素土内摩擦角的变化却相对较小，并且这种变化呈现波动性，这说明在干湿循环作用下，内摩擦角并不是使抗剪强度降低的主要原因。

为了更好地分析膨胀土在干湿循环条件下黏聚力的具体变化，我们引入黏聚力衰减率，其定义如下。

$$\alpha_n = \frac{c_{n-1} - c_n}{c_{n-1}} \times 100\% \tag{6.1}$$

式中，α_n 为黏聚力在第 n 次干湿循环后的衰减率（%）；c_n 为第 n 次干湿循环后的黏聚力（kPa）；c_{n-1} 为第 n-1 次干湿循环后的黏聚力（kPa）。图 6.20 为不同干湿循环次数下膨胀土的黏聚力衰减率。

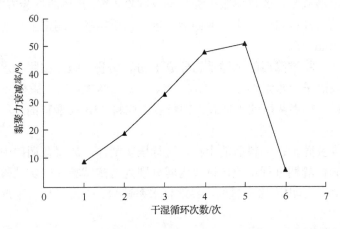

图 6.20　不同干湿循环次数作用下膨胀土的黏聚力衰减率

从图 6.20 来看，膨胀土的黏聚力衰减幅度伴随干湿循环次数的增多先变大，在循环次数达到 5 次时，衰减幅度最大，衰减率达到 53.4%，到干湿循环 6 次后，衰减幅度骤降，衰减率仅为 6.5%，充分说明了此时膨胀土试样已经彻底被破坏，这与前文所得结果一致。

6.1.6　改良材料

钢渣微粉是通过一系列的加工过程，在炼钢过程中产生的副产品。其主要成分有 Ca、Si、Fe、Mg、Al、Mn 等的氧化物。相比较于膨胀土，钢渣微粉的密度要大得多，这就使钢渣微粉能够改善膨胀土的颗粒结构，从而增加膨胀土的强度特性。钢渣微粉是一种未被利用的资源，倘若能够将其充分地利用起来，这不但能够解决环境方面的问题,而且能够产生经济效益。然而,钢渣微粉本身活性相对较弱,若想用作膨胀土的改良剂,必须经过活性激发[119-120]。本文所用钢渣微粉均为经过物理激发后的成品。具体化学成分如表 6.6 所示。

表 6.6　钢渣微粉的化学成分

成分	SiO$_2$	TiO$_2$	Al$_2$O$_3$	MgO	CaO	Na$_2$O	SO$_3$	其他
含量/%	14.73	0.86	4.06	7.62	48.00	0.17	0.57	23.99

6.2　钢渣微粉改良膨胀土试验方案与改良机理

6.2.1　试验方案简介

本章采用钢渣微粉改良膨胀土进行室内试验研究,具体的试验方案简介如下。

(1)筛选土样:将试验用土取回后,剔除钙质结核。测定土样的含水率,取适量土样过 5mm 筛。

(2)掺灰:将过筛后的土样平均分成 5 分,每份 1kg,按照含水率计算干土重量,分别按照干土重量的 1%、2%、3%、4%、5%掺入钢渣微粉并拌和均匀。

(3)焖料:将掺灰后的土样装入塑料袋内焖料 3d,在焖料的过程中,定期翻拌土样。

(4)制样及养护:焖料后的土样,进行压实制样,放置在潮砂中养护。分别按照不同的养护龄期进行试验,试验内容分别为击实试验(击实试验用土仅需焖料,无须压实),自由膨胀率试验、界限含水率试验、干湿循环及干湿循环后直接快剪试验。

6.2.2　改良机理

钢渣微粉改良土改良机理主要有以下三点。

(1)离子交换。钢渣微粉中含有的二价 Ca^{2+}将膨胀土中大量的单价 Na$^+$和 K$^+$交换出来,使离子的浓度增加,削弱了结合水膜的厚度,降低了膨胀土的胀缩特性。

(2)凝硬反应。钢渣微粉加入土中后,钢渣微粉中含有的硅酸三钙、硅酸二钙及铁铝酸盐等具有活性的物质,经过一系列的物理作用和化学作用,能够生成部分水化硅酸钙和铝酸钙凝胶体,从而能够改善膨胀土的胀缩特性,增强膨胀土的强度[121]。

(3)物理改良。钢渣微粉密度远大于膨胀土,钢渣微粉掺入膨胀土中改善了土颗粒的级配组成,降低了土的膨胀特性。

6.3　钢渣微粉改良膨胀土室内试验研究

6.3.1　钢渣微粉改良膨胀土击实试验研究

在路基填筑时，为了能够有效地控制路堤填筑的压实质量，在室内试验的过程中必须通过击实试验来测得土体的最大干密度以及最优含水率。为探究钢渣微粉掺量对击实曲线的影响，本次试验用土为钢渣微粉掺量比例 0、1%、2%、3%、4%、5%。试验所得数据如表 6.7～表 6.11 及图 6.21 所示。

表 6.7　1%钢渣微粉掺量改良土土样击实试验数据表

含水率 ω/%	13.9	15.9	17.9	19.9	21.9	23.9	25.9
干密度 ρ_d/（g/cm³）	1.578	1.677	1.745	1.775	1.739	1.662	1.578

最优含水率：19.8%；最大干密度：1.773g/cm³

表 6.8　2%钢渣微粉掺量改良土土样击实试验数据表

含水率 ω/%	16.3	18.3	20.3	22.3	24.3	26.3	28.3
干密度 ρ_d/（g/cm³）	1.513	1.601	1.685	1.724	1.695	1.589	1.502

最优含水率：22.1%；最大干密度：1.721g/cm³

表 6.9　3%钢渣微粉掺量改良土土样击实试验数据表

含水率 ω/%	18.4	20.4	22.4	24.4	26.4	28.4	30.4
干密度 ρ_d/（g/cm³）	1.521	1.587	1.662	1.689	1.659	1.598	1.537

最优含水率：24.2%；最大干密度：1.689g/cm³

表 6.10　4%钢渣微粉掺量改良土土样击实试验数据表

含水率 ω/%	19.2	21.2	23.2	25.2	27.2	29.2	31.2
干密度 ρ_d/（g/cm³）	1.537	1.589	1.629	1.656	1.627	1.578	1.546

最优含水率：25.2%；最大干密度：1.654g/cm³

表 6.11　5%钢渣微粉掺量改良土土样击实试验数据表

含水率 ω/%	20.5	22.5	24.5	26.5	28.5	30.5	32.5
干密度 ρ_d/（g/cm³）	1.523	1.551	1.596	1.634	1.601	1.555	1.502

最优含水率：26.2%；最大干密度：1.631g/cm³

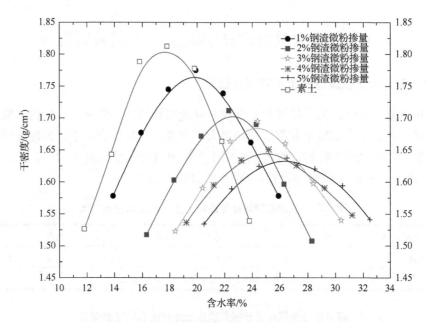

图 6.21　不同钢渣微粉掺量下膨胀土击实试验数据图

　　根据表 6.7～表 6.11 可知，土样的干密度随含水率的增加先逐步增大，而后逐渐减小。由图 6.21 可以看出，随着钢渣微粉掺量的逐渐增加，击实曲线逐渐趋于平缓，当掺量为 5%时，所得击实曲线最为平缓，这就使在实际工程中更加容易满足施工所需的压实度要求，为工程施工带来方便。由图 6.21 还可以看出，当钢渣微粉含量逐渐变大时，改良土的最优含水率也在逐渐增大，而最大干密度却在逐渐减小。这是因为钢渣微粉中的二价 Ca^{2+} 将膨胀土中单价的 Na^{+} 和 K^{+} 交换出来，增强了土颗粒表面所带的电量，从而使土体黏粒含量降低，土体的胀缩性变弱[121]。钢渣微粉与膨胀土之间发生物理化学作用，需要消耗一定量的水，且钢渣微粉的相对密度比膨胀土的相对密度要小，所以当钢渣微粉含量变大时，最优含水率逐渐变大，最大干密度逐渐变小。

　　为了更好地反映最优含水率和最大干密度与钢渣微粉含量之间的变化关系，我们引入最优含水率增长率和最大干密度衰减率，定义如下。

$$\alpha_i = \frac{\omega_i - \omega_{i-1}}{\omega_{i-1}} \times 100\% \qquad (6.2)$$

$$\beta_i = \frac{\rho_{d(i-1)} - \rho_{di}}{\rho_{d(i-1)}} \times 100\% \qquad (6.3)$$

式中，ω_i 为钢渣微粉掺量为 $i\%$ 时的最优含水率（%）；ω_{i-1} 为钢渣微粉掺量为$(i-1)\%$

时的最优含水率（%）；α_i 为钢渣微粉掺量为 i% 时的最优含水率增长率（%）；ρ_{di} 为钢渣微粉掺量为 i% 时的最大干密度（g/cm³）；$\rho_{d(i-1)}$ 为钢渣微粉掺量为 $(i-1)$% 时的最大干密度（g/cm³）；β_i 为钢渣微粉掺量为 i% 时的最大干密度衰减率（%）。

　　根据式（6.2）及式（6.3）可得出不同钢渣微粉掺量下的最优含水率增长率和最大干密度衰减率，最优含水率增长率和最大干密度衰减率随钢渣微粉掺量的变化趋势如图 6.22 所示。

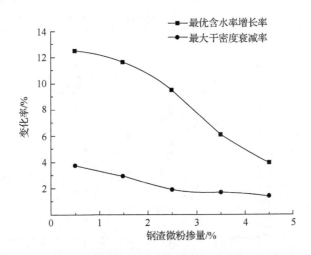

图 6.22　最优含水率增长率和最大干密度衰减率随钢渣微粉含量的变化趋势

　　从图 6.22 可以看出，随着钢渣微粉掺量的增加，最优含水率增长率逐步降低，从一开始的 12.5% 降到 3.97%，这说明随着钢渣微粉掺量的变大，最优含水率虽然一直变大，但是变大的幅度逐步减小。从图 6.22 还可以看出，最大干密度衰减虽然也在逐步降低，但是其衰减的幅度相对于最优含水率增长率的衰减幅度要小得多，这也就解释了上文中当钢渣微粉掺量变大时，整个击实曲线渐渐变平缓这个现象。

6.3.2　钢渣微粉改良膨胀土膨胀特性试验研究

1. 钢渣微粉改良膨胀土自由膨胀率研究

　　本文为测定钢渣微粉的合理掺量以及合理养护龄期，将钢渣微粉掺量按质量比例控制为 0、1%、2%、3%、4%、5%，而养护龄期控制为 7~28d。表 6.12 为不同养护龄期下（7d、14d、21d 及 28d）改良土的自由膨胀率结果，图 6.23 为素土和改良土自由膨胀率随不同钢渣微粉掺量的变化曲线，图 6.24 为改良土自由膨胀率随不同养护龄期的变化曲线。

表 6.12　不同钢渣微粉掺量改良膨胀土在不同养护龄期下自由膨胀率试验结果

养护时间/d	不同钢渣微粉掺量下的自由膨胀率/%					
	0	1%掺量	2%掺量	3%掺量	4%掺量	5%掺量
7	58	53.45	45.56	40.28	37.03	34.56
14		50.65	42.35	36.93	34.05	29.54
21		47.37	38.35	31.28	27.34	23.78
28		43.25	36.27	30.04	26.96	24.02

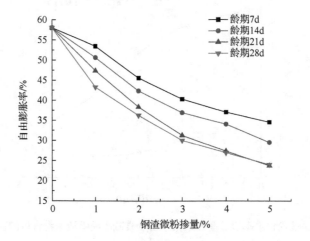

图 6.23　素土和改良土自由膨胀率随不同钢渣微粉掺量的变化曲线

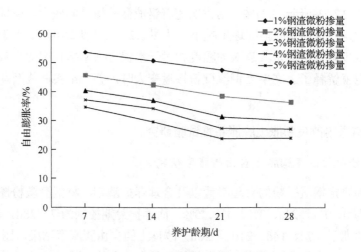

图 6.24　改良土自由膨胀率随不同养护龄期的变化曲线

通过表 6.12、图 6.23 及图 6.24 可以看出，钢渣微粉改良土的自由膨胀率相比于素土呈现出明显的下降趋势，这表明钢渣微粉对于膨胀土的膨胀特性起到了改善作用。当钢渣微粉掺量变大时，改良土的自由膨胀率一直在递减，从素土到钢渣微粉掺量 5%，在龄期 7d 时，自由膨胀率数值从 58%下降到 34.56%；龄期 14d 时，自由膨胀率数值从 58%下降到 29.54%；龄期 21d 时，自由膨胀率数值从 58%下降到 23.78%；龄期 28d 时，自由膨胀率数值从 58%下降到 24.02%。而且在钢渣微粉掺量 1%～2%时递减幅度较大，钢渣微粉掺量 3%～5%递减幅度有所减缓，在钢渣微粉掺量达到 5%时，改良土自由膨胀率下降至最小。所以，改良土自由膨胀率是随着养护时间的增长而降低，且在 21d 时降低幅度最大，当钢渣微粉掺量逐渐变大时，改良土自由膨胀率衰减渐渐减小，且在钢渣微粉掺量为 5%时，自由膨胀率达到最小值。

为了更好地描述在不同龄期条件下钢渣微粉改良土自由膨胀率的变化情况，引入自由膨胀率衰减量，即某龄期下不同钢渣微粉掺量改良土的自由膨胀率最大值与最小值的差值（即钢渣微粉掺量为 1%的改良土自由膨胀率与钢渣微粉掺量为 5%的改良土自由膨胀率的差值），用 α 来表示。

$$\alpha = \delta_0 - \delta_1 \qquad (6.4)$$

式中，δ_0 为某一龄期下钢渣微粉掺量为 1%的改良土自由膨胀率的大小（%）；δ_1 为某一龄期下钢渣微粉掺量为 5%的改良土自由膨胀率的大小（%）。

从图 6.25 可以看出，当养护龄期逐渐增长时，自由膨胀率衰减量是先增大，再减小。养护龄期为 21d 时，自由膨胀率衰减量取得最大值，当养护龄期再次增长时，自由膨胀率衰减量反而减小。

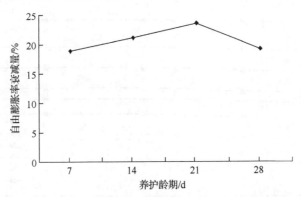

图 6.25　改良土自由膨胀率衰减量随龄期变化试验曲线

2. 钢渣微粉改良膨胀土无荷载膨胀率研究

本节内容重点分析了改良后膨胀土的无荷载膨胀率与时间、钢渣微粉掺量以及养护龄期三者之间关系情况。

　　图6.26为不同养护龄期下不同钢渣微粉掺量土样的无荷载膨胀率随时间的变化曲线。

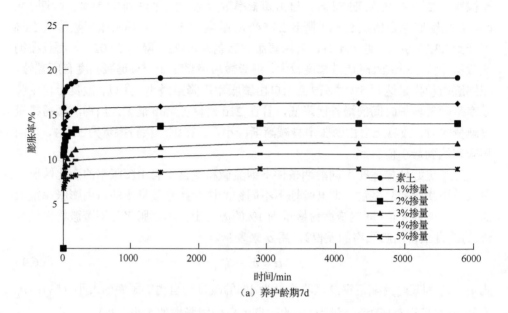

（a）养护龄期7d

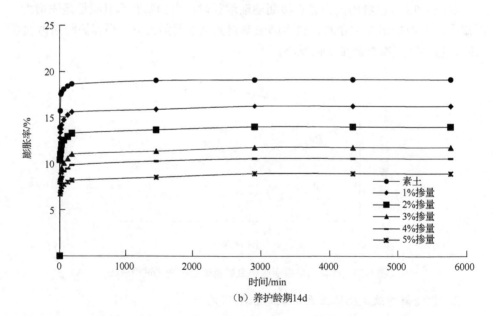

（b）养护龄期14d

图6.26　不同养护龄期下不同钢渣微粉掺量土样的无荷载膨胀率随时间的变化曲线

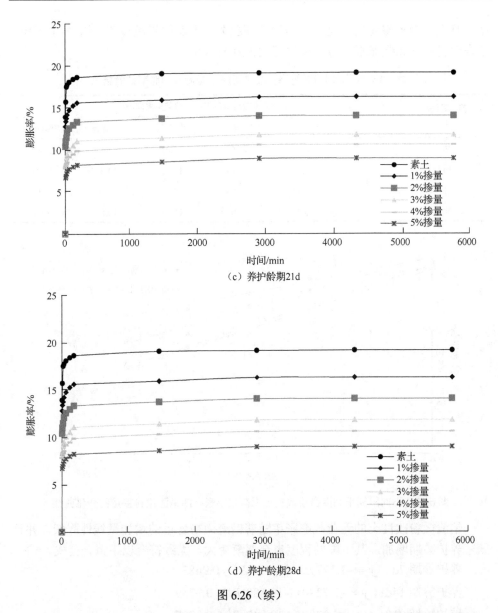

（c）养护龄期21d

（d）养护龄期28d

图 6.26（续）

从图 6.26 可以看出，无荷载膨胀率随时间的变化曲线可以大概看作快速膨胀、减速膨胀和稳定三个阶段。钢渣微粉改良土的无荷载膨胀率随着钢渣微粉掺量以及龄期的不同而变化，整体来看钢渣微粉改良土与素土的无荷载膨胀率曲线大体一致，整体的膨胀率曲线随时间变化形式基本不变，仅在以上三个阶段的数值上有所降低。为了更好地反映无荷载膨胀率随钢渣微粉掺量以及养护龄期的变化情况，将无荷载膨胀率结果做以归纳总结，总结结果如表 6.13、图 6.27 所示。

通过表 6.13 和图 6.27 可以看出，钢渣微粉可以显著降低膨胀土的无荷载膨胀率，且钢渣微粉掺量比例越大，养护龄期越久，改良效果越显著，这说明钢渣微粉在改善膨胀土膨胀潜势方面能够起到很好的效果。

表6.13　不同钢渣微粉掺量改良膨胀土无荷载膨胀率试验结果

养护时间/ d	不同钢渣微粉掺量下的无荷载膨胀率/%					
	0	1%掺量	2%掺量	3%掺量	4%掺量	5%掺量
7		18.93	17.56	16.08	14.45	13.87
14	19.13	18.48	16.49	14.78	12.04	11.23
21		16.92	14.56	12.13	10.86	9.05
28		16.26	14.02	11.78	10.57	8.95

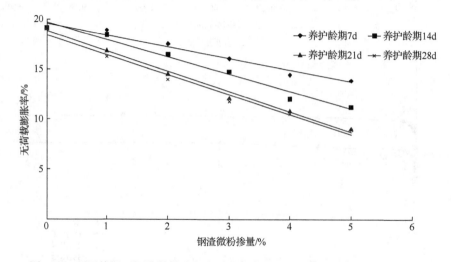

图6.27　不同龄期下钢渣微粉改良土无荷载膨胀率随钢渣微粉掺量的变化曲线

钢渣微粉改良土的无荷载膨胀率随着钢渣微粉含量的增加呈线性降低，并且随着养护龄期增加，其下降的程度也会逐渐变大，大致符合以下拟合公式。

养护龄期 7d：　$y = -1.1777x + 19.614, R^2 = 0.9683$

养护龄期 14d：　$y = -1.7290x + 19.680, R^2 = 0.9759$

养护龄期 21d：　$y = -2.0289x + 18.847, R^2 = 0.9907$

养护龄期 28d：　$y = -2.0060x + 18.467, R^2 = 0.9806$

从上述养护龄期21d及28d的拟合公式可以看出，养护龄期为21d和28d对于抑制土体无荷载膨胀率的效果相似，这是由于在养护21d时钢渣微粉和膨胀土中的亲水金属阳离子已基本反应完成，所以改良效果并未随养护时间的继续增加而提升。因此可以初步认为，钢渣微粉改良土的最合理养护龄期为21d，最优掺量为5%。

3．钢渣微粉改良膨胀土有荷载膨胀率研究

为了分析在不同上覆荷载、不同养护龄期以及不同钢渣微粉掺量下，改良土膨胀率以及膨胀力的变化情况，本次试验通过正交试验方案进行室内有荷载膨胀率试验，试验结果如表 6.14～表 6.17 和图 6.28～图 6.31 所示。

表 6.14　不同钢渣微粉掺量改良土不同上覆荷载下膨胀率变化表（龄期 7d）

试验编号	钢渣微粉掺量/%	有荷载膨胀率/%						
		0 kPa	12.5 kPa	25 kPa	50 kPa	75 kPa	100 kPa	200 kPa
1	0	19.13	4.80	1.93	1.36	0.46	−0.03	−2.92
2	1	18.93	4.68	1.71	1.13	0.12	−0.19	−2.71
3	2	17.56	4.59	1.62	1.01	0.07	−0.16	−2.58
4	3	16.08	4.46	1.57	0.79	0.01	−0.09	−2.39
5	4	14.45	4.29	1.41	0.71	−0.01	−0.19	−2.17
6	5	13.87	4.12	1.32	0.52	−0.06	−0.28	−2.05

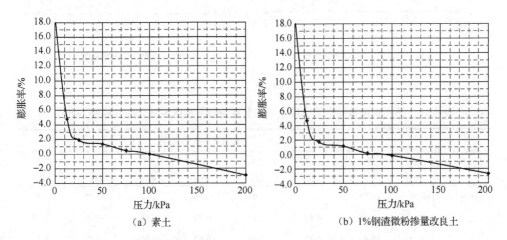

（a）素土　　　　　　　　　　（b）1%钢渣微粉掺量改良土

图 6.28　不同钢渣微粉掺量改良土不同上覆荷载下膨胀率变化曲线（龄期 7d）

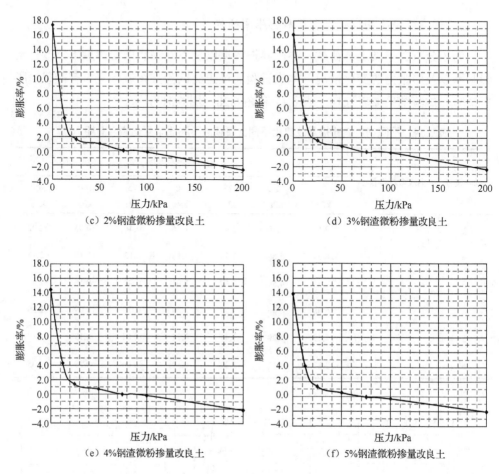

（c）2%钢渣微粉掺量改良土　　　　　　　　（d）3%钢渣微粉掺量改良土

（e）4%钢渣微粉掺量改良土　　　　　　　　（f）5%钢渣微粉掺量改良土

图 6.28（续）

表 6.15　不同钢渣微粉掺量改良土不同上覆荷载下膨胀率变化表（龄期 14d）

试验编号	钢渣微粉掺量/%	有荷载膨胀率/%						
		0 kPa	12.5 kPa	25 kPa	50 kPa	75 kPa	100 kPa	200 kPa
1	0	19.13	4.80	1.93	1.36	0.46	−0.03	−2.92
2	1	18.45	4.45	1.54	0.77	0.02	−0.08	−2.37
3	2	16.49	4.32	1.48	0.67	0.01	−0.10	−2.25
4	3	14.78	4.21	1.39	0.61	−0.01	−0.21	−2.21
5	4	12.04	4.20	1.34	0.54	−0.04	−0.20	−2.17
6	5	11.23	4.19	1.32	0.50	−0.07	−0.25	−2.13

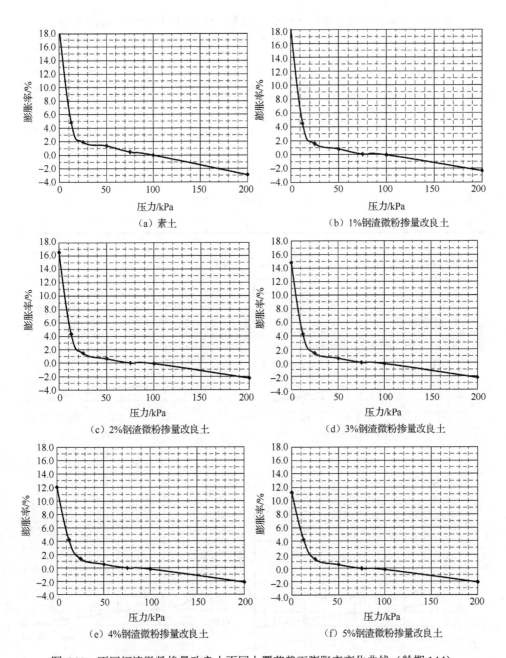

图 6.29　不同钢渣微粉掺量改良土不同上覆荷载下膨胀率变化曲线（龄期 14d）

表 6.16 不同钢渣微粉掺量改良土不同上覆荷载下膨胀率变化表（龄期 21d）

试验编号	钢渣微粉掺量/%	有荷载膨胀率/%						
		0 kPa	12.5 kPa	25 kPa	50 kPa	75 kPa	100 kPa	200 kPa
1	0	19.13	4.80	1.93	1.36	0.46	-0.03	-2.92
2	1	16.92	4.41	1.52	0.71	0.01	-0.11	-2.31
3	2	14.56	4.21	1.31	0.51	-0.02	-0.14	-2.21
4	3	12.13	4.15	1.30	0.49	-0.06	-0.19	-2.19
5	4	10.86	4.10	1.26	0.42	-0.08	-0.18	-2.15
6	5	9.05	4.01	1.12	0.37	-0.10	-0.19	-2.11

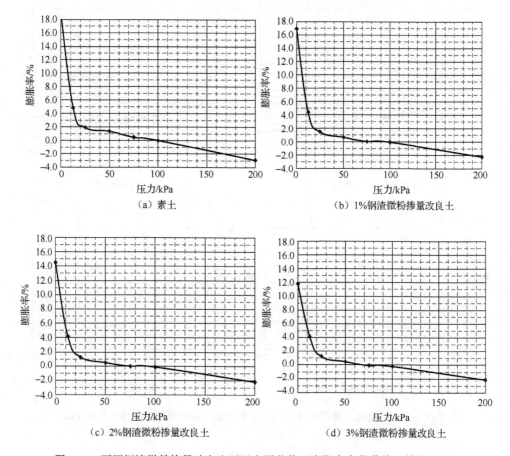

（a）素土   （b）1%钢渣微粉掺量改良土

（c）2%钢渣微粉掺量改良土   （d）3%钢渣微粉掺量改良土

图 6.30 不同钢渣微粉掺量改良土不同上覆荷载下膨胀率变化曲线（龄期 21d）

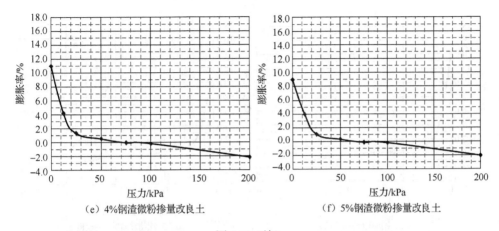

（e）4%钢渣微粉掺量改良土　　　　　　　　（f）5%钢渣微粉掺量改良土

图 6.30（续）

表 6.17　不同钢渣微粉掺量改良土不同上覆荷载下膨胀率变化表（龄期 28d）

试验编号	钢渣微粉掺量/%	有荷载膨胀率/%						
		0 kPa	12.5 kPa	25 kPa	50 kPa	75 kPa	100 kPa	200 kPa
1	0	19.13	4.80	1.93	1.36	0.46	−0.03	−2.92
2	1	16.26	4.39	1.48	0.66	0.01	−0.10	−2.28
3	2	14.02	4.16	1.26	0.46	−0.03	−0.16	−2.19
4	3	11.78	4.13	1.23	0.44	−0.07	−0.20	−2.15
5	4	10.57	4.06	1.21	0.36	−0.09	−0.20	−2.11
6	5	8.95	3.95	1.05	0.33	−0.11	−0.20	−2.05

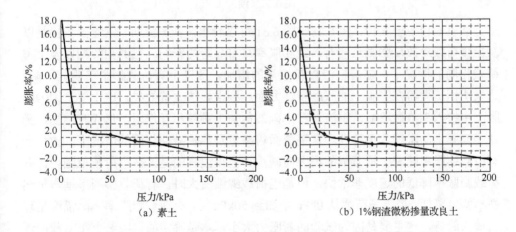

（a）素土　　　　　　　　　　　　　（b）1%钢渣微粉掺量改良土

图 6.31　不同钢渣微粉掺量改良土不同上覆荷载下膨胀率变化曲线（龄期 28d）

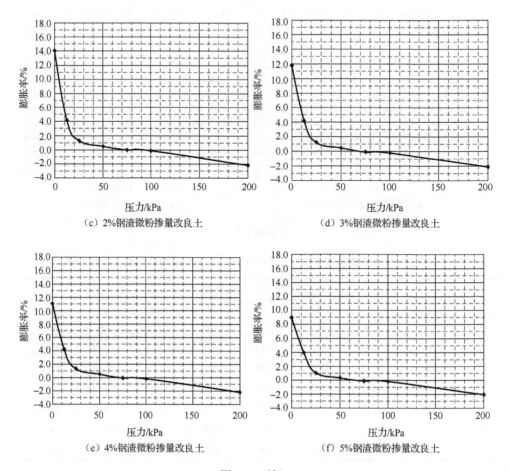

（c）2%钢渣微粉掺量改良土　　　　　　（d）3%钢渣微粉掺量改良土

（e）4%钢渣微粉掺量改良土　　　　　　（f）5%钢渣微粉掺量改良土

图 6.31（续）

从表 6.14～表 6.17、图 6.28～图 6.31 可以看出，养护龄期、钢渣微粉掺量以及上覆荷载对改良膨胀土的有荷载膨胀率有着显著的影响。在养护龄期以及上覆荷载相同的情况下，随着钢渣微粉掺量的增加，改良土有荷载膨胀率明显下降，这表明钢渣微粉在膨胀土的胀缩特性方面起到很好的改善效果，这主要是因为膨胀土中掺入钢渣微粉后，钢渣微粉中硅酸盐与土颗粒相互作用，形成胶结物，降低了膨胀土的胀缩变形特性。在钢渣微粉掺量及养护龄期相同的情况下，改良土有荷载膨胀率随着上覆荷载的增大而减小。值得注意的是，在小荷载范围内，有荷载膨胀率降低的速度非常快，但是当荷载继续变大时，有荷载膨胀率基本呈线性小幅度降低。当上覆荷载从 0kPa 增加到 50kPa 时，有荷载膨胀率下降幅度呈现出最大趋势，这主要是因为试验的膨胀力大小基本是确定的，随着上覆荷载的逐渐增大，膨胀力被抵消的部分就变多，进而阻止了膨胀土膨胀量的增大，这同时表明，上覆荷载的变大能够降低膨胀量。在钢渣微粉掺量及上覆荷载相同的条件下，改良土有荷载膨胀率随着养护龄期的增加而降低，且其降低幅度逐渐变小。通过分析还可以得知，随着钢渣微粉掺量以及上覆荷载的增加，养护龄期对膨胀土的有荷载膨胀率影响效果会更加明显。

根据图 6.28～图 6.31，可得到不同养护龄期下不同钢渣微粉掺量改良土的膨胀力大小。具体结果如表 6.18、图 6.32 所示。

表 6.18　不同养护龄期下不同钢渣微粉掺量改良土的膨胀力变化表

钢渣微粉掺量/%	膨胀力/kPa			
	7d	14d	21d	28d
0	98.5	98.5	98.5	98.5
1	84.7	80.0	77.1	76.2
2	82.6	77.3	70.8	69.2
3	77.5	73.8	63.5	61.5
4	73.6	68.8	55.0	54.5
5	68.2	65.3	47.2	44.4

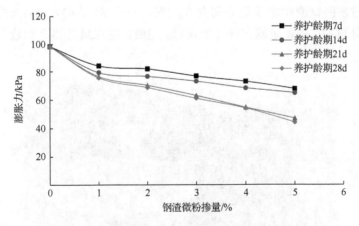

图 6.32　不同养护龄期下改良土的膨胀力随钢渣微粉掺量的变化曲线

由表 6.18 及图 6.32 能够得到，某一特定龄期条件下，随着钢渣微粉掺量逐渐变大，改良土膨胀力持续下降并且下降趋势呈多项式方程曲线，具体如下。

养护龄期 7d：$y=-0.4944x^3+4.3298x^2-15.307x+97.969$，$R^2=0.9859$

养护龄期 14d：$y=-0.6815x^3+6.2861x^2-21.014x+97.752$，$R^2=0.9791$

养护龄期 21d：$y=-0.6722x^3+6.0988x^2-23.927x+97.802$，$R^2=0.9925$

养护龄期 28d：$y = -0.8130x^3 + 7.1865x^2 - 26.393x + 97.975$，$R^2 = 0.9959$

在进行膨胀力试验时，随着钢渣微粉掺量的增加，部分强亲水性矿物蒙脱石和伊利石等内部结构及成分有所变化，同时钢渣微粉的掺入也增加了试样整体的摩阻力，有效地克服了黏土颗粒吸水产生的膨胀力。从图 6.32 还可以看出，养护龄期 21d 和 28d 时的膨胀力随钢渣微粉掺量变化曲线基本一致，与无荷载膨胀率试验结果一致，这说明钢渣微粉改良膨胀土的最佳龄期为 21d。

6.3.3　钢渣微粉改良膨胀土界限含水率试验研究

在实践中，液限和塑限是决定土工程性质的两个非常重要的界限含水率。液塑限最根本的解释是在黏土中弱结合水出现，自由水逐渐呈现使得结合水膜变大到最值的一个过程。土在不同含水率的情况下，所表现出来的特性是不一样的，只有当含水率介于液限和塑限之间，土体的塑性才能够体现[122]。通常我们用液限和塑限的差值来表现土体的可塑状态，这个差值我们将其定义为塑性指数。当塑性指数的数值越大时，土体的可塑状态就越好，与之相反的就越差。之所以要研究膨胀土的可塑状态，主要是膨胀土内大量的蒙脱石等矿物，具有很强的亲水性能，可塑性又非常高，在水分充足的情况下基本是呈现成团聚集的状态，这就会使施工的过程中难以加水拌和均匀，给施工现场带来困难[123-124]。本次液塑限试验将按照钢渣微粉掺量分别为 0、1%、2%、3%、4%、5% 来进行，液塑限试验使用 FG-III 液塑限测定仪（图 6.33）完成。图 6.34 为锥入深度与含水率关系图。

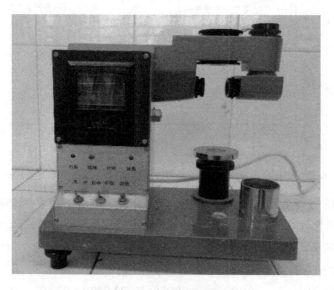

图 6.33　FG-III 液塑限测定仪

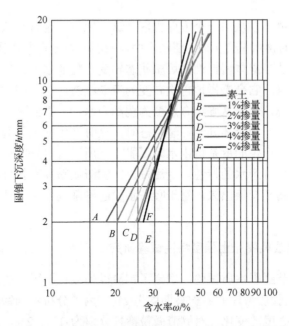

图 6.34 锥入深度与含水率关系图

表 6.19 为钢渣微粉改良土界限含水率试验结果。

表 6.19 钢渣微粉改良土界限含水率试验结果

钢渣微粉掺量/%	液限/%	塑限/%	塑性指数
0	54.4	17.8	36.6
1	53.4	19.9	33.5
2	50.6	22.3	28.3
3	48.5	24.4	24.1
4	46.3	25.2	21.1
5	43.4	26.5	16.9

通过表 6.19 可以得到,随着钢渣微粉含量的变大,液限的数值在降低,塑限却在变大。这是因为钢渣微粉中有硅酸三钙、硅酸二钙及铁铝酸盐等具有活性的物质,并且这些物质具有与水泥相似的水硬胶凝性,当土颗粒处于一种相对流动的状态时,这些物质使钢渣微粉能够很好地与土颗粒接触,使钢渣微粉充分胶凝,土体含水率降低,土体液限减小。塑限之所以增加是因为钢渣微粉中含有大量游离的氧化钙,氧化钙水化生成 $Ca(OH)_2$ 溶于水后,土颗粒周围的离子浓度增加,二价的 Ca^{2+} 将膨胀土中单价的 Na^+ 和 K^+ 交换出来,电层的厚度降低,膨胀土颗粒间的孔隙减小,相互凝聚,引起土体塑性的根本变化,改善了膨胀土的工程性质。

当然，我们也可以从另一个方面去解释这一现象，也就是从土中水的角度去解释。当土体中的含水量变大时，膨胀土中蒙脱石等黏土矿物周围的水分很充足，这就导致土体会从半固体慢慢地向可塑状态转变，随着水分条件的满足，这种可塑状态不会是终点，它会慢慢地再次转变为流动状态。与此同时，对于吸附在蒙脱石周围的水来说，也是从强结合水变为弱结合水，一直到最终变为自由水的一个过程。相对应的，当土体处于可塑状态时，这时产生的就是弱结合水，当土体处于流动状态时，产生的就是自由水。膨胀土之所以有良好的可塑性，归结于蒙脱石等黏土矿物具有亲水的特性。受激发后的钢渣微粉具有很好的活性，能够充分将土中金属阳离子交换出来，对于吸着水膜起到削弱作用，从而可降低膨胀土的可塑性。

6.3.4　钢渣微粉改良膨胀土强度特性试验研究

通过 6.3.2 节膨胀性质试验，确定了钢渣微粉改良膨胀土的最佳养护龄期为 21d，以下强度试验所考虑的养护龄期均为 21d。为了分析不同钢渣微粉掺量下改良膨胀土的抗剪强度的变化，对钢渣微粉掺量分别为 1%、2%、3%、4%、5%的改良土样进行了快剪试验，试验结果如表 6.20 和图 6.35 所示。

表 6.20　不同钢渣微粉掺量改良土在不同垂直压力下的抗剪强度

钢渣微粉掺量/%	不同垂直压力下抗剪强度/kPa			
	50kPa	100kPa	150kPa	200kPa
0	69.86	93.06	112.59	128.66
1	93.83	117.25	140.10	156.72
2	120.23	144.25	163.31	185.02
3	143.42	162.01	190.27	210.31
4	167.36	197.25	213.05	246.45
5	177.15	200.12	231.44	262.35

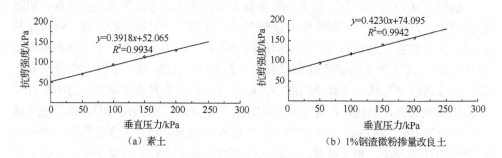

（a）素土　　　　　　　　　　　（b）1%钢渣微粉掺量改良土

图 6.35　不同钢渣微粉掺量改良土在不同垂直压力下的抗剪强度

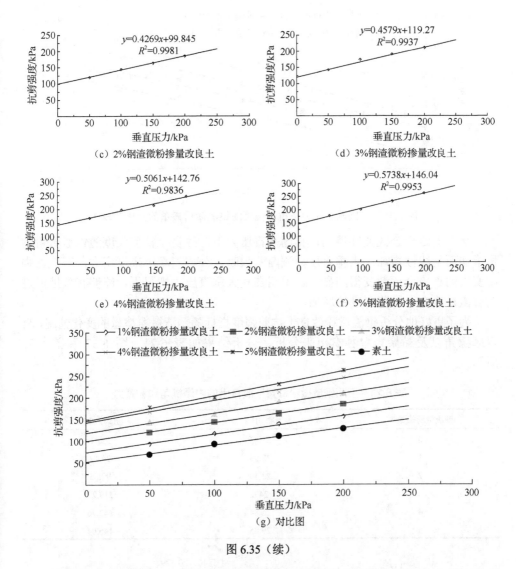

（c）2%钢渣微粉掺量改良土

（d）3%钢渣微粉掺量改良土

（e）4%钢渣微粉掺量改良土

（f）5%钢渣微粉掺量改良土

（g）对比图

图 6.35（续）

从图 6.35 可以看出，土样的抗剪强度随着垂直压力的增加呈线性上升，垂直压力相同的情况下，随着钢渣微粉掺量的增加，抗剪强度增加。图 6.36 为不同垂直压力下土样的抗剪强度随钢渣微粉掺量的变化趋势。

从图 6.36 可以得到不同垂直压力下抗剪强度随钢渣微粉掺量变化的曲线公式。

垂直压力 50kPa：　$y = 22.292x + 72.911, R^2 = 0.9873$

垂直压力 100kPa：　$y = 22.659x + 95.676, R^2 = 0.9762$

垂直压力 150kPa：　$y = 24.002x + 115.12, R^2 = 0.9966$

垂直压力 200kPa：　$y = 27.512x + 129.47, R^2 = 0.9945$

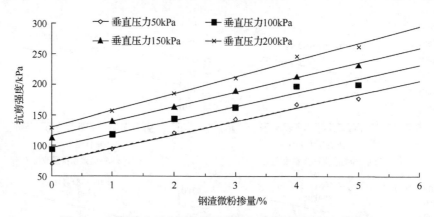

图 6.36　不同垂直压力下抗剪强度随钢渣微粉掺量的变化曲线

从以上四个公式能够得到,相同垂直压力下,改良土抗剪强度随钢渣微粉含量增加而呈线性增加;当垂直压力逐渐变大时,公式斜率小幅度变大,即抗剪强度变大的趋势会逐渐变得明显,这说明在较大垂直压力情况下,能够有效地促进钢渣微粉改良土抗剪强度的增加。

为了更好地分析钢渣微粉改良土抗剪强度指标随钢渣微粉掺量的变化情况,将内摩擦角以及黏聚力单独拿出来分析,分析结果如表 6.21、图 6.37 和图 6.38所示。

表 6.21　不同钢渣微粉掺量下改良土的内摩擦角和黏聚力

钢渣微粉掺量/%	内摩擦角/(°)	黏聚力/kPa
0	21.43	52.11
1	22.93	74.12
2	23.12	99.85
3	24.6	119.27
4	26.84	142.76
5	29.85	146.04

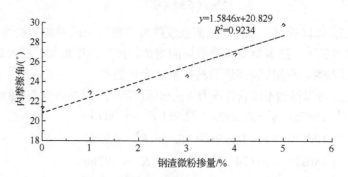

图 6.37　不同钢渣微粉掺量下改良土的内摩擦角变化曲线

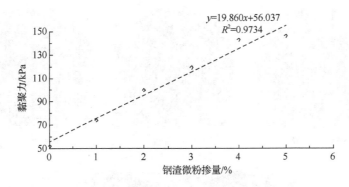

图 6.38　不同钢渣微粉掺量下改良土的黏聚力变化曲线

图6.37及图6.38分别是不同钢渣微粉掺量改良土内摩擦角和黏聚力的变化情况曲线。改良土内摩擦角和黏聚力随钢渣微粉掺量的增加基本呈线性增加，膨胀土未加入钢渣微粉时内摩擦角为 21.43°、黏聚力为 52.11kPa；加入 5%的钢渣微粉后内摩擦角增加到 29.85°，黏聚力增大到 146.04kPa。这说明抗剪强度的增大是由于钢渣微粉掺入致使改良土内摩擦角和黏聚力增大引起的，在内摩擦角和黏聚力这两个因素中，内摩擦角增加幅度相对于黏聚力较弱。所以钢渣微粉改良膨胀土抗剪强度的增大主要还是黏聚力的增大造成的。

6.3.5　钢渣微粉改良膨胀土干湿循环试验研究

1. 干湿循环过程中改良膨胀土变形开裂特征研究

根据前文可知钢渣微粉改良土的最合理养护龄期为 21d，钢渣微粉最优含量为 5%。所以，本次研究所用改良土养护龄期均为21d，钢渣微粉掺量为 5%。

干湿循环具体过程如下：加湿阶段为常温（室内温度 20℃左右）下浸水直至试样饱和；干燥阶段为将试样放置于通风环境下，采用取暖灯烘烤使其水分蒸发（温度保持在 40℃左右），反复称重确定试样达到素土的最优含水率，即为一个干湿循环过程。

干湿循环使膨胀土产生裂隙，然而裂隙宽度以及深度也会伴随膨胀土干湿循环次数的增加变得更深、更宽。膨胀土裂隙发展不仅会破坏土体内部的结构性，还会给自由水增加一个渗入渠道，使土体的含水量变大，强度减小，这也是膨胀土边坡引起滑坡的一个内在的原因[125]。所以，对膨胀土以及改良土进行干湿循环情况下裂隙开展情况研究就很有必要。

钢渣微粉改良土在无荷载状态下，干湿循环过程中土样的变化情况如图 6.39所示。

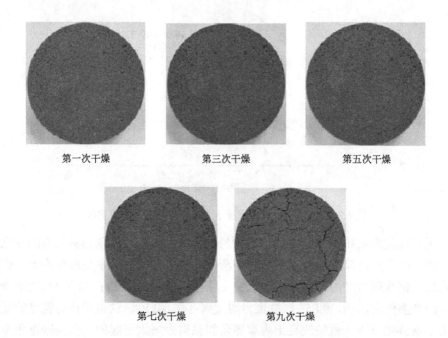

图 6.39　改良土试样在干湿循环过程中表面变化情况

通过图 6.39 可以看出，改良土试样在经历 9 次干湿循环后表面的裂隙数量逐渐增多，裂隙开展宽度也逐渐增大。然而相比于膨胀土试样来说，在相同干湿循环次数下，改良土试样中裂隙的条数较少，裂隙平均宽度较窄。改良土在干湿循环 1～3 次时，基本不出现衍生裂隙；在干湿循环至第五次时，在改良土试样外围出现细小的裂缝，裂缝长度以及宽度均很细小；在干湿循环至第七次时，裂隙逐渐扩大，但衍生速度相对缓慢，裂隙主要还是分布在试样外围；干湿循环次数达到第九次时，裂隙向改良土试样中心衍生，外围裂隙宽度开始变大，裂隙分布在改良土试样全表面。

图 6.40～图 6.42 分别为改良土试样与素土试样的裂隙面积率、裂隙长度比、裂隙平均宽度随干湿循环次数的变化情况。

由图 6.40～图 6.42 可见，改良土试样裂隙面积率、裂隙的长度比以及裂隙的平均宽度都是伴随干湿循环次数的增多而变大；关于素土的描述前文中已经进行过详细的分析，在此不再赘述。和素土对比可以看出，改良土试样的裂隙面积率随干湿循环的进行增长幅度相对较为缓慢，虽整体呈上升趋势，但即使在循环次数达到 9 次时，其裂隙面积率也仅仅只有 4.69%，相比于素土在干湿循环 5 次后稳定的 8% 相差较大，且在同一循环次数条件下，改良土裂隙面积率也要远远低于素土。由图 6.41 和图 6.42 还可以看出，改良土裂隙长度比及裂隙平均宽度的增长曲线与素土相比平缓很多，且在相同的干湿循环次数下其数值要远远低于素土。

由此可见，改良土对于抑制干湿循环效应下的裂隙面积开展起到显著作用，延缓
了裂隙开展过程。

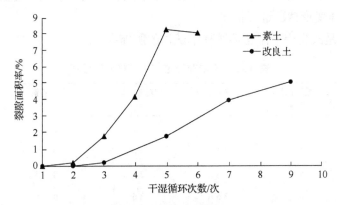

图 6.40　干湿循环作用下裂隙面积率变化情况

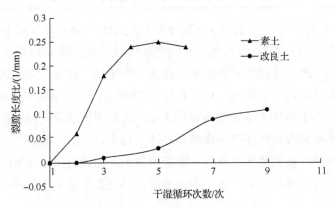

图 6.41　干湿循环作用下裂隙长度比变化情况

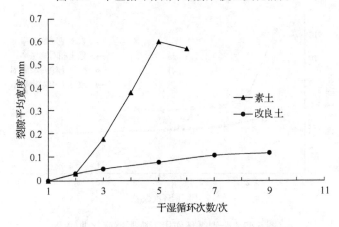

图 6.42　干湿循环作用下裂隙平均宽度变化情况

　　为了进一步探究改良土在干湿循环条件下的胀缩变形规律，本节内容仍通过引入绝对膨胀率、相对膨胀率、绝对收缩率以及相对收缩率 4 个变量对干湿循环作用下的试样变形情况进行描述。

　　表 6.22 是改良土干湿循环过程中试样的胀缩率。

表 6.22　干湿循环过程中试样的胀缩率

试样种类	干湿循环次数/次	绝对膨胀率/%	相对膨胀率/%	绝对收缩率/%	相对收缩率/%
改良土	1	5.1	5.1	0	4.9
	3	4.1	4.0	0	4.2
	5	3.8	3.7	0	3.5
	7	3.6	3.6	0	3.2
	9	3.5	3.5	0	3.1

　　图 6.43 和图 6.44 分别给出了膨胀土和改良土在干湿循环作用下绝对/相对膨胀率的变化曲线以及绝对/相对收缩率的变化曲线。对比图 6.43 中素土和改良土膨胀曲线可知，改良土试样膨胀率整体曲线较为平缓，在同一循环次数条件下改良土试样的膨胀率均小于素土。从图 6.44 可以看出，无论是膨胀土还是改良土，在干湿循环条件下试样的绝对收缩率均为 0，这是因为部分干燥是控制到试样初始高度；素土相对收缩率在第一次循环时达到最大，之后逐渐降低，最后趋于一个定值，且在循环次数达到二次时下降幅度最大，而改良土总体呈一定的下降趋势，但下降幅度均相对较小，且在相同干湿循环次数下改良土收缩率均要远小于膨胀土。

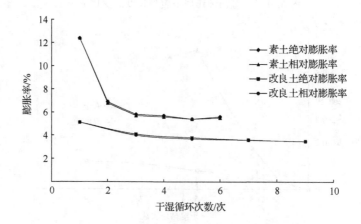

图 6.43　干湿循环作用下膨胀率变化曲线

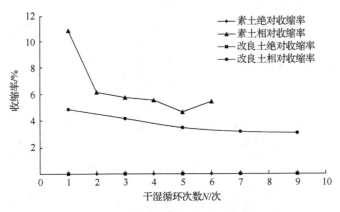

图 6.44　干湿循环作用下收缩率变化曲线

2. 干湿循环过程中改良膨胀土抗剪强度研究

为了探究改良土在干湿循环作用下抗剪强度的变化规律,分别对经历了 1、3、5、7 以及 9 次干湿循环后的改良试样进行了直剪试验,试验结果如表 6.23、图 6.45 所示。

表 6.23　不同干湿循环次数下改良土直剪试验结果

干湿循环次数 N/次	不同垂直压力下抗剪强度 τ_f/kPa			
	50kPa	100kPa	150kPa	200kPa
0	177.15	200.12	231.44	262.35
1	164.25	192.41	220.26	247.25
3	157.35	183.24	207.39	239.65
5	146.26	178.69	203.36	235.98
7	135.26	160.39	195.68	215.36
9	124.36	158.69	175.68	262.35

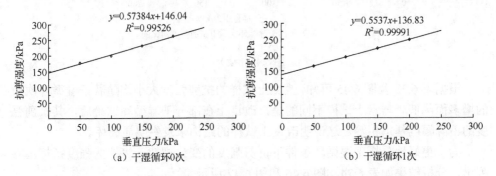

（a）干湿循环0次　　　　　　　　（b）干湿循环1次

图 6.45　干湿循环作用下改良土的抗剪强度随垂直压力的变化情况

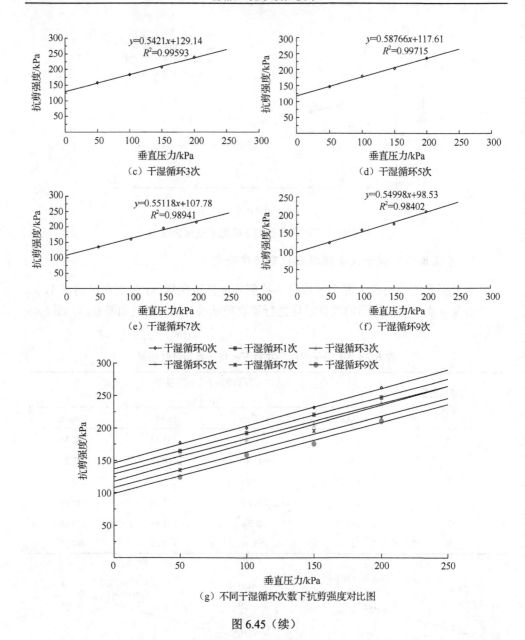

（g）不同干湿循环次数下抗剪强度对比图

图 6.45（续）

　　根据表 6.23 及图 6.45 可知，改良土试样的抗剪强度大小均随着干湿循环次数的增多而降低。与素土试样不同的是，改良土在部分干湿循环试验后，其抗剪强度的下降幅度基本相等，这说明改良土试样的结构未发生明显破坏。

　　为了更好地分析干湿循环条件下抗剪强度的变化规律，将抗剪强度指标单独列出，分析结果如表 6.24、图 6.46 和图 6.47 所示。

表 6.24 干湿循环试验中改良土试样的内摩擦角和黏聚力

干湿循环次数/次	内摩擦角/(°)	黏聚力/kPa
0	29.9	146.0
1	29.0	136.8
3	28.5	129.1
5	30.4	117.6
7	28.9	107.8
9	28.8	98.5

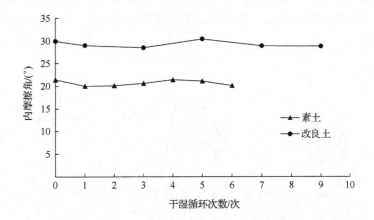

图 6.46 干湿循环作用下素土及改良土内摩擦角变化规律

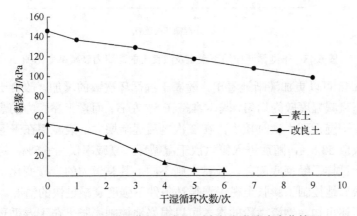

图 6.47 干湿循环作用下素土及改良土黏聚力变化情况

对比表 6.5 与表 6.24 和图 6.46 与图 6.47 可以发现，在相同的干湿循环次数下，改良土试样黏聚力远远大于素土，同时内摩擦角大小也较素土得到了较大的提升。通过对比还可以发现，无论是素土还是改良土，当干湿循环次数增多时，内摩擦角的变化均相对较小，并且这种变化呈现波动性，这说明在干湿循环作用下，内摩擦角并不是使抗剪强度降低的主要原因。然而总的来说，膨胀土内摩擦角大小稳定在 20° 左右，而改良土内摩擦角大小稳定在 30° 左右，改良土的颗粒级配要优于膨胀土，这也有效地增加了其抗滑性。无论是素土还是改良土，伴随干湿循环次数的增多，试样的黏聚力逐渐减小。改良土黏聚力下降幅度基本相同，且在相同的干湿循环次数下，改良土黏聚力要远远大于膨胀土，这充分说明了在干湿循环作用下，增加黏聚力是提高膨胀土抗剪强度的主要原因。

根据前文分析可知，黏聚力是膨胀土干湿循环后抗剪强度衰减的主要原因。为了更好地分析素土和改良土在干湿循环条件下黏聚力的具体变化，我们再次引入黏聚力衰减率来进行分析。图 6.48 是干湿循环作用下素土及改良土的黏聚力衰减率变化图。

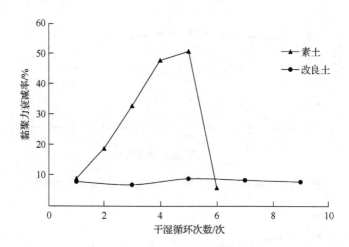

图 6.48　干湿循环作用下素土及改良土的黏聚力衰减率变化图

从图 6.48 可以更加清晰地看出，随着干湿循环次数的增加，改良土的黏聚力虽有降低但衰减幅度较为均匀，基本维持在 5%左右；而素土黏聚力的衰减率则波动较大，在干湿循环 1 次时较小，在 2 次之后逐渐增大，衰减率在干湿循环 5 次后达到最大值 53.8%，随后进入第六次干湿循环，衰减率仅为 6.5%，这充分说明此时膨胀土试样已经彻底破坏。改良土则不同，其黏聚力的衰减变化不大，这说明改良土很好地控制了膨胀土在干湿循环条件下强度衰减过快的情况。

综上所述可知，钢渣微粉的掺入可以很好地控制膨胀土在干湿循环作用下强度衰减的情况，有效提升了膨胀土在干湿循环作用下的强度。

参 考 文 献

[1] 刘特洪. 工程建设中的膨胀土问题[M]. 北京: 中国建筑工业出版社, 1997.

[2] YAO H, SHE J, LU Z, et al. Inhibition effect of swelling characteristics of expansive soil using cohesive non-swelling soil layer under unidirectional seepage[J]. Journal of Rock Mechanics and Geotechnical Engineering, 2019, 12(1): 188-196.

[3] 蔡正银, 朱洵, 黄英豪, 等. 冻融过程对膨胀土裂隙演化特征的影响[J]. 岩土力学, 2019, 40(12): 4555-4563.

[4] 廖济川, 陶太江. 膨胀土的工程特性对开挖边坡稳定性的影响[J]. 工程勘察, 1994(4): 18-22.

[5] KHALIFA A Z, CIZER Ö, PONTIKES Y, et al. Advances in alkali-activation of clay minerals[J]. Cement and Concrete Research, 2020, 132: 106050.

[6] DONALDSON G W. The occurrences of problems of heave and the factors affecting its nature[C]// 2nd International Research and Engineering Conference on Expansive Clay Soils. Texas: A & M University Press, 1969: 25-36.

[7] VAN DER MERWE D H. The weathering of some basic igneous rocks and their engineering properties[J]. The Civil Engineer in South Africa, 1964(12): 213-222.

[8] KUMAR T A, THYAGARAJ T, ROBINSON R G. A critical review on stabilisation of expansive soils with compensating materials[J]. Ground Improvement and Reinforced Soil Structures, 2022, 152: 241-247.

[9] TOURTELOT H A. Geologic origin and distribution of swelling clays[C]// Proceedings of Workshop on Expansive Clay and Shale in Highway Design and Construction. Washington, D. C.: Federal Highway Administration Offices of Research and Development Press, 1973, 1: 44-69.

[10] 中华人民共和国住房和城乡建设部. 膨胀土地区建筑技术规范: GB 50112—2013[S]. 北京: 中国建筑工业出版社, 2013.

[11] 郭爱国, 孔令伟, 陈建斌. 自由膨胀率试验的影响因素[J]. 岩土力学, 2006, 27(11): 1949-1951.

[12] 中华人民共和国交通运输部. 公路路基施工技术规范: JTG/T 3610—2019[S]. 北京: 人民交通出版社, 2019.

[13] 陈善雄, 余颂, 孔令伟, 等. 膨胀土判别与分类方法探讨[J]. 岩土力学, 2005(12): 1895-1900.

[14] 黄卫, 钟理, 钱振东. 路基膨胀土胀缩等级的模糊评判[J]. 岩土工程学报, 1999, 21(4): 408-413.

[15] 李玉花, 冯晓腊, 严应征. 灰色聚类法在膨胀土分类中的应用[J]. 岩土力学, 2003, 24(2): 304-306.

[16] 杜延军. 基于人工神经网络的膨胀土判别分类方法: 以宁连一级公路为例[J]. 高校地质学报, 1997, 3(2): 222-225.

[17] 黄兴周, 阮永芬, 王赫. 膨胀土的微结构特性研究[J]. 路基工程, 2007(4): 57-59.

[18] 冷挺, 唐朝生, 徐丹, 等. 膨胀土工程地质特性研究进展[J]. 工程地质学报, 2018, 26(1): 112-128.

[19] YAN S X, QU Y X, HAN S J. A study on the relationship between smectite content and swell potential indices[J]. Journal of Engineering Geology, 2004, 12(1): 74-82.

[20] 唐朝生, 崔玉军, TANG A-M, 等. 膨胀土收缩开裂过程及其温度效应[J]. 岩土工程学报, 2012, 34(12): 2181-2187.

[21] 徐彬, 殷宗泽, 刘述丽. 裂隙对膨胀土强度影响的试验研究[J]. 水利水电技术, 2010, 41(9): 100-104.

[22] SHIN H, SANTAMARINA J C. Desiccation cracks in saturated fine-grained soils: particle-level phenomena and effective-stress analysis[J]. Géotechnique, 2011, 61(11): 961-972.

[23] 姚海林, 郑少河, 陈守义. 考虑裂隙及雨水入渗影响的膨胀土边坡稳定性分析[J]. 岩土工程学报, 2011, 23(5): 606-609.

[24] GRIME R E. Clay mineralogy[M]. New York: Mcgraw Hill, 1986.

[25] LOUNGHNAM F C. Chemical weathering of the silicate minerals[M]. New York: Eleseviver, 1969.

[26] MITCHELL J K. Fundmentals of soil behaviour[M]. New York: Eleseviver, 1976.

[27] INGELS O G. Soil chemistry relevant to engineering behaviour of soils[M]. London: Butterwerths, 1986.

[28] 杨志强, 郭见扬. 石灰处理土的物理力学性质及其微观机理的研究[J]. 岩土力学, 1991, 9(3): 11-23.

[29] NORRISH K, QUIRK J P. Crystalline swelling of montmorillonite[J]. Nature, 1954, 173: 255-256.

[30] 谭罗荣, 孔令伟. 蒙脱石晶体胀缩规律及其与基质吸力关系研究[J]. 中国科学(D 辑: 地球科学), 2001(2): 119-126.

[31] NORRISH K. The swelling of montmorillonite[J]. Faraday Discussions, 1954, 18: 120-134.

[32] MADSEN F T, MULLER-VONMOOS M. The swelling behavior of clays[J]. Applied Clay Science, 1989, 4(2): 143-156.

[33] MOYNE C, MURAD M A. Electro-chemo-mechanical couplings in swelling clays from a micro/macro-homogenization procedure[J]. International Journal of Solids and Structures, 2002, 39(25): 6159-6190.

[34] KACZYNSKI R, GRABOWSKA-OLSZEWSKA B. Soil mechanics of the potentially expansive clays in Poland[J]. Applied Clay Science, 1997, 11(5-6): 337-355.

[35] FREDLUND D G, RAHARD H. Soil mechanics for unsaturated soils[M]. New York: John Wiley & Sons Inc, 1993.

[36] 敬华庆. 小坝湖灌区干渠滑坡原因及治理方法研究[J]. 安徽水利水电职业技术学院学报, 2005, 5(4): 11-12.

[37] 牛恩宽, 郑炎, 艾志雄, 等. 三峡库区膨胀土滑坡灾害治理分析[J]. 灾害与防治工程, 2005(2): 34-38.

[38] BRANDL H. Alteration of Soil Parameters by Stabilization with Lime[C]// Proceedings of the 10th International Conference on Soil Mechanics and Foundation Engineering, Stockholm, 1981, 3: 587-594.

[39] 郭春平. 强夯法处理湿陷性黄土工程实践[J]. 探矿工程(岩土钻掘工程), 2011, 38(6): 59-61.

[40] 郑健龙. 膨胀土路基设计、加固与施工技术研究报告[R]. 长沙: 长沙理工大学, 2007: 1-5.

[41] 杨和平, 章高峰, 郑健龙, 等. 膨胀土填筑公路路堤的物理处治技术[J]. 岩土工程学报, 2009, 31(4): 491-500.

[42] 郑鹏. 南友路膨胀土堑坡稳定性分析与处治技术研究[D]. 长沙: 长沙理工大学, 2005.

[43] 肖杰, 杨和平, 倪啸. 北京西六环膨胀岩(土)深路堑柔性支护处治技术[J]. 中外公路, 2010, 30(3): 38-41.

[44] 杨和平, 曲永新, 郑健龙. 宁明膨胀土研究的新进展[J]. 岩土工程学报, 2005, 27(9): 981-987.

[45] 杨和平, 肖杰, 程斌, 等. 开挖膨胀土边坡坍滑的演化规律[J]. 公路交通科技, 2013, 30(7): 18-24.

[46] RAO A S. A study of swelling characteristics and behavior of expansive soils[D]. Warangal: Kakatiya University, 1984.

[47] COKCA E. Use of class C fly ashes for the stabilization of an expansive soil[J]. Journal of Geotechnical and Geoenvironmental Engineering, 2001, 127(7): 568-573.

[48] PHANI-KUMAR B R, SHARMA R S. Effect of fly ash on engineering properties of expansive soils[J]. Journal of Geotechnical and Geoenvironmental Engineering, 2004, 130(7): 764-767.

[49] CHEN F H. Foundations on expansive soils[M]. Amsterdam: Elsevier, 1975.

[50] SALAHUDEEN A B, EBEREMU A O, OSINUBI K J. Assessment of cement kiln dust-treated expansive soil for the construction of flexible pavements[J]. Geotechnical and Geological Engineering, 2014, 32(4): 923-931.

[51] MANELI A, KUPOLATI W K, ABIOLA O S, et al. Influence of fly ash, ground-granulated blast furnace slag and lime on unconfined compressive strength of black cotton soil[J]. Road Materials and Pavement Design, 2016, 17(1): 252-260.

[52] XIAO H, YAO K, LIU Y, et al. Bender element measurement of small strain shear modulus of cement-treated marine clay-effect of test setup and methodology[J]. Construction and Building Materials, 2018, 172: 433-447.

[53] WANG D, WANG H, LARSSON S, et al. Effect of basalt fiber inclusion on the mechanical properties and microstructure of cement-solidified kaolinite[J]. Construction and Building Materials, 2020, 241: 118085.

[54] WANG D, DI S, GAO X, et al. Strength properties and associated mechanisms of magnesium oxychloride cement-solidified urban river sludge[J]. Construction and Building Materials, 2020, 250: 118933.

[55] YAO K, WANG W, LI N, et al. Investigation on strength and microstructure characteristics of nano-MgO admixed with cemented soft soil[J]. Construction and Building Materials, 2019, 206: 160-168.

[56] LEE S H, KIM E Y, PARK H, et al. In situ stabilization of arsenic and metal-contaminated agricultural soil using industrial by-products[J]. Geoderma, 2011, 161(1-2): 1-7.

[57] 庄心善, 庄涛, 陶高粱, 等. 磷尾矿改良膨胀土动变形与动强度特性试验研究[J]. 岩石力学与工程学报, 2020, 39(S1): 3032-3038.

[58] MODARRES A, NOSOUDY Y M. Clay stabilization using coal waste and lime-technical and environmental impacts[J]. Applied clay science, 2015, 116: 281-288.

[59] CHOOBBASTI A J, SAMAKOOSH M A, KUTANAEI S S. Mechanical properties soil stabilized with nano calcium carbonate and reinforced with carpet waste fibers[J]. Construction and Building Materials, 2019, 211: 1094-1104.

[60] 雷胜友, 惠会清. 固化液改良膨胀土性能的试验研究[J]. 岩土工程学报, 2004, 26(5): 612-615.

[61] 虞海珍, 李小青, 姚建伟. 膨胀土化学改良试验研究分析[J]. 岩土力学, 2006(11): 1941-1944.

[62] 王保田, 任骛, 张福海, 等. 使用 CTMAB 改良剂改良天然膨胀土的试验研究[J]. 岩土力学, 2009, 30(S2): 39-42.

[63] 刘清秉, 项伟, 张伟锋, 等. 离子土壤固化剂改性膨胀土的试验研究[J]. 岩土力学, 2009, 30(8): 2286-2290.

[64] LIU B, ZHU C, TANG C S, et al. Bio-remediation of desiccation cracking in clayey soils through microbially induced calcite precipitation(MICP)[J]. Engineering geology, 2020, 264: 105389.

[65] ZHANG Z, TONG K, HU L, et al. Experimental study on solidification of tailings by MICP under the regulation of organic matrix[J]. Construction and Building Materials, 2020, 265: 120303.

[66] 何稼, 楚剑, 刘汉龙, 等. 微生物岩土技术的研究进展[J]. 岩土工程学报, 2016, 38(4): 643-653.

[67] TOBLER D J, CUTHBERT M O, GRESWELL R B, et al. Comparison of rates of ureolysis between sporosarcina pasteurii and an indigenous groundwater community under conditions required to precipitate large volumes of calcite[J]. Geochimica et Cosmochimica Acta, 2011, 75(11): 3290-3301.

[68] NOORANY I, SCHEYHING C. Lateral extension of compacted-fill slopes in expansive soils[J]. Journal of Geotechnical and Geoenvironmental Engineering, 2015, 141(1): 04014083.

[69] PAN G, ZHAN M, FU M, et al. Effect of CO_2 curing on demolition recycled fine aggregates enhanced by calcium hydroxide pre-soaking[J]. Construction and Building Materials, 2017, 154: 810-818.

[70] SUTAR H, MISHRA S C, SAHOO S K, et al. Progress of red mud utilization: an overview[J]. American Chemical Science Journal, 2014, 4(3): 255-279.

[71] 中华人民共和国住房和城乡建设部. 土工试验方法标准: GB/T 50123—2019[S]. 北京: 中国计划出版社, 2019.

[72] 吕海波, 曾召田, 赵艳林, 等. 膨胀土强度干湿循环试验研究[J]. 岩土力学, 2009(12): 3797-3802.

[73] 陈超, 夏扬, 石莹, 等. 微硅粉的微观结构分析[J]. 商品混凝土, 2016(7): 39-42.

[74] 刘晓华, 盖国胜. 微硅粉在国内外应用概述[J]. 铁合金, 2007(5): 41-44.

[75] 张波. 不同形态硅灰在高强混凝土中的作用机理[D]. 北京: 清华大学, 2015.

[76] 王涛, 铁生年, 汪长安. 利用工业废弃微硅粉制备多孔莫来石陶瓷[J]. 材料导报, 2014, 28(2): 130-132.

[77] 胡瑾, 王强, 杨建伟. 钢渣-硅灰复合矿物掺合料对混凝土性能的影响[J]. 清华大学学报(自然科学版), 2015(2): 145-149.

[78] 赵昂然, 任强强. 硅灰对城市固体垃圾焚烧飞灰熔融特性的影响[J]. 中国粉体技术, 2021, 27(4): 16-26.

[79] GOODARZI A R, AKBARI H R, SALIMI M. Enhanced stabilization of highly expansive clays by mixing cement and silica fume[J]. Applied Clay Science, 2016, 132: 675-684.

[80] XI X H, WANG Q. Literature review: properties of silica fume concrete[J]. Advanced Materials Research, 2014, 1004: 1516-1522.

[81] 冷挺, 唐朝生, 施斌. 干湿循环条件下重塑膨胀土的裂隙发育特征及量化研究[J]. 工程地质学报. 2016, 24(5): 856-862.

[82] 单熠博, 王保田, 张福海, 等. 硅灰改良膨胀土室内试验研究[J]. 三峡大学学报(自然科学版), 2018, 40(5): 63-66.

[83] 贾景超. 膨胀土膨胀机理及细观膨胀模型研究[D]. 大连: 大连理工大学, 2010.

[84] 彭波, 李文瑛, 戴经梁. 液体固化剂加固土的研究[J]. 西安公路交通大学学报, 2001, 21(1): 15-18.

[85] 黄春, 刘尚营, 张春光, 等. NH_4^+、尿素和聚乙二醇对蒙脱土的抑制膨胀作用[J]. 化学学报, 2003, 61(7): 983-988.

[86] 孙明波, 侯万国, 孙德军, 等. 钾离子稳定井壁作用机理研究[J]. 钻井液与完井液, 2005, 22(5): 7-9.

[87] SALOPEK B, KRASIC D, FILIPOVIC S. Measurement and application of zeta-potential[J]. Rudarsko-geolosko-naftni zbornik, 1992, 4(1): 147.

[88] 陈爱军, 张家生, 刘君. 石灰改良膨胀土无侧限抗压强度试验[J]. 桂林理工大学学报, 2011, 31(1): 91-95.

[89] 方云, 林彤, 谭松林. 土力学[M]. 武汉: 中国地质大学出版社, 2003.

[90] 卢廷浩. 土力学[M]. 南京: 河海大学出版社, 2005.

[91] LEBEDEV A F. Soil and groundwaters[M]. Leningrad: The Academy of Sciences of the USSR, 1936.

[92] Oregon Department of Human Services. Technical bulletin, health effects information: sodium carbonate, "soda ash"[R]. Portland: Office of Environmental Public Health, 1998.

[93] GRANT D C, MANCUSO C M, BURGMAN H A. In-situ restoration of contaminated soils and groundwater using calcium chloride: 5275739[P]. United States of America Patent, 1994.

[94] THYAGARAJ T, RAO S M, SAI SURESH P, et al. Laboratory studies on stabilization of an expansive soil by lime precipitation technique[J]. Journal of Materials in Civil Engineering, 2012, 24(8): 1067-1075.

[95] SRIDHARAN A, PRAKASH K. Classification procedures for expansive soils[J]. Proceedings of the Institution of Civil Engineers-Geotechnical Engineering, 2000, 143(4): 235-240.

[96] 余颂, 陈善雄, 许锡昌, 等. 膨胀土的自由膨胀比试验研究[J]. 岩石力学与工程学报, 2006, 25(Z1): 3330-3335.

[97] HAN S Y, WANG B T, GUTIERREZ M, et al. Laboratory study on improvement of expansive soil by chemically induced calcium carbonate precipitation[J]. Materials, 2021, 14(12): 3372.

[98] KARNLAND O, OLSSON S, NILSSON U, et al. Experimentally determined swelling pressures and geochemical interactions of compacted Wyoming bentonite with highly alkaline solutions[J]. Physics and Chemistry of the Earth, Parts A/B/C, 2007, 32(1-7): 275-286.

[99] GOODARZI A R, AKBARI H R. Assessing the anion type effect on the hydro-mechanical properties of smectite from macro and micro-structure aspects[J]. Geomechanics and Engineering, 2014, 7(2): 183-200.

[100] YONG R N, WARKENTIN B P. Soil properties and behaviour[M]. New York: Elsevier, 1975.

[101] MITCHELL J K, SOGA K. Fundamentals of soil behavior[M]. New York: John Wiley and Sons, 2005.

[102] SRIDHARAN A, RAO S M, MURTHY N S. Compressibility behaviour of homoionized bentonites[J]. Geotechnique, 1986, 36(4): 551-564.

[103] TENG H H, DOVE P M, DE YOREO J J. Kinetics of calcite growth: surface processes and relationships to macroscopic rate laws[J]. Geochimica et Cosmochimica Acta, 2000, 64(13): 2255-2266.

[104] NAKARAI K, YOSHIDA T. Effect of carbonation on strength development of cement-treated Toyoura silica sand[J]. Soils and Foundations, 2015, 55(4): 857-865.

[105] SANI J E, ETIM R K, JOSEPH A. Compaction behaviour of lateritic soil-calcium chloride mixtures[J]. Geotechnical and Geological Engineering, 2019, 37(4): 2343-2362.

[106] 徐肖峰, 魏厚振, 孟庆山, 等. 直剪剪切速率对粗粒土强度与变形特性的影响[J]. 岩土工程学报, 2013, 35(4): 728-733.

[107] 谭罗荣, 孔令伟. 膨胀土的强度特性研究[J]. 岩土力学, 2005, 26(7): 1009-1013.

[108] 缪林昌, 仲晓晨, 殷宗泽. 膨胀土的强度与含水量的关系[J]. 岩土力学, 1999, 20(2): 71-75.

[109] 刘祖德, 孔官瑞. 平面应变条件下膨胀土卸荷变形试验研究[J]. 岩土工程学报, 1993, 15(2): 68-73.

[110] 卢再华, 陈正汉, 蒲毅彬. 膨胀土干湿循环胀缩裂隙演化的CT试验研究[J]. 岩土力学, 2002, 23(4): 417-422.

[111] ALLAM M M, SRIDHARAM S. Effect of wetting and drying on shear strength[J]. Journal of Geotechnical Engingeering, 1981, 107(4): 421-438.

[112] 刘松玉, 钟理. 干湿循环对膨胀土工程性质影响的初步研究[C]//区域性土的岩土工程问题学术讨论会文集. 北京: 原子能出版社, 1996, 93-98.

[113] 吕海波, 汪稔, 赵艳林, 等. 软土结构性破损的孔径分布试验研究[J]. 岩土力学, 2003, 24(4): 573-578.

[114] 曾召田, 吕海波, 赵艳林, 等. 膨胀土干湿循环过程孔径分布试验研究及其应用[J]. 岩土力学, 2013, 34(2): 322-328.

[115] 张忠胤. 关于结合水动力学问题[M]. 北京: 地质出版社, 1980.

[116] SINGH P N, WALLENDER W W. Effects of adsorbed water layer in predicting saturated hydraulic conductivity for clays with Kozeny-Carman equation[J]. Journal of Geotechnical and Geoenvironmental Engineering, 2008, 134(6): 829-836.

[117] 刘清秉, 项伟, 崔德山. 离子土固化剂对膨胀土结合水影响机制研究[J]. 岩土工程学报, 2012, 34(10): 1887-1895.

[118] MASROURI F, BICALHO K V, KAWAI K. Laboratory hydraulic testing in unsaturated soils[J]. Geotechnical and Geological Engineering, 2008, 26(6): 691-704.

[119] 温建. 钢渣的活性激发及资源化利用[D]. 长沙: 中南大学, 2013.

[120]　王爱华. 钢渣的综合利用研究[J]. 中国资源综合利用, 2009, 27(12): 8-9.

[121]　ZHU G, HAO Y, XIA C, et al. Study on cementitious properties of steel slag[J]. Journal of Mining and Metallurgy, Section B: Metallurgy, 2013, 49(2): 217-224.

[122]　康长平, 廖义玲, 易庆波, 等. 贵州红黏土液塑限的差异及对工程性质的影响[J]. 工程地质学报, 2011, 19(7): 261-267.

[123]　CLEMENTE M M. Hydraulic behaviors of bentonite based mixtures in engineered barriers: the backfill and plug test at the Aspo HRL(Sweden)[J]. Technical University of Catalonia, 2003, 17(7): 56-57.

[124]　TANAI K, MATSUMOTO K. A study of extrusion behavior of buffer material into fractures[J]. Science and Technology Series, 2008(334): 57-64.

[125]　MORRIS P H, GRAHAM J, WILLIAMS D. Cracking in drying soils[J]. Canadian Geotechnical Journal, 1992, 29(1): 101-105.